橋はなぜ美しいのか

― その構造と美的設計 ―

大泉　楯　著

技報堂出版

まえがき

　橋など公共土木施設の多くは，仕上げ材をまとうことなく構造体そのものが人目にさらされ，構造計画の結果がそのまま外観となって表れます．

　本書は，このような土木構造物の設計に携わる技術者を対象に，健康的で美しい構造物を創造するために必要な視座と手法について筆者の考えるところを述べ，一つのヒントとして設計に役立てていただくことを目的としています．したがって，内容は橋梁工学でも景観工学といわれるものでもなく，いわば橋梁設計論・実務編という位置づけでまとめてあります．

　本来，設計（デザイン）とは法律・意匠・構造・設備・艤装などを包含し，責任を伴う総合的な行為を指す用語ですが，ここではデザインという用語を狭義の意味に用い，そのデザインを重視して行う設計を美的設計ということばで表現しました．設計，とりわけ美的設計は相当の創造力と忍耐力を要し，一編のマニュアルですまされるものでも，解が一つしかないものでもありません．本書もデザインマニュアルとしてではなく，設計者自身が考え，創造するための「きっかけ」となることをねらいとしています．

　建築分野と比較すると，一般的に土木技術者は系統的な美的訓練を教育として十分受けていないためか，造形を不得手とする人が多いようです．しかし，実用的な一定水準になら，正しい修練さえ積めば誰でも確実に到達できます．したがって，読者の皆さんは本書の記述を無批判に受け入れるのではなく一つの作法として参考にとどめていただき，自らが構造的直感力と審美眼の習得・洗練に努力されることが大切だと思います．そのうえで，それぞれが独自の設計学を構築されることを期待します．

　以下に，本書の骨子を形成する美的設計に対する筆者の三つの基本的な考え方と姿勢を述べます．

　第一に公共土木構造物の美的設計のあり方について，①構造体による迫真的な造形，②周囲環境へのフィッティング，③秩序あるデザイン，④経済性を失わないデザイン，を理想と考えています．①は装飾を排し，構造体による技術美を造形の中心におこうとするもので，重要なのは技術的革新性を盛り込むなどして研ぎ澄ました構造形態を志向しようとする点です．②は奇を求めず，むしろ地味とニュートラルを旨とし，時の経過とともに周囲環境にピタリとおさまる造形を意味し，時の経

i

過という点が重要です．③は造形に一定の秩序あるいは規範を備えた品格あるデザインを意味します．④は経済性という用語の意味に人間の幸せという観点を加味し，不経済を避けようというものです．ただ安ければいいというのではありません．

　第二に美的修練の重要性の問題です．逆にいうと，醜なるものへの慣れの恐ろしさです．たとえば写真1は，都市高速道路の空を覆わんばかりの土木風景，写真2は無神経な道路上空施設の風景，そして写真3は無秩序な建築物がなす都市風景です．残念ながら，現代の一般都市はこのようなものに満たされていて，秩序ある美しいものが少なくなっているのが現実です．そして，人間は自己防衛的習性として環境にすぐ順応し，毎日眺めているとこれに慣れて美醜への感受性が鈍化するのが宿命といえます．美の創造は人間が行う最も知的な行為の一つだといわれ，強い意志を要します．さらに，この慣れから逃れて感受性の向上を図るには，日常的にあらゆる方面の美を探求し，これらに対して憧憬をもって修練することが必要です．

　第三に美的設計の主体性の問題です．筆者は，特殊なものを除き，日常的に見られる一般的な土木施設はデザインを含めて土

写真1

写真2

写真3

木技術者自身が行うべきで，これを他の分野のデザイナーに委ねていては土木技術者の存在理由を失うとさえ考えています．少なくとも構造物に関しては，構造抜きでいかなる形態も論ずることはできません．その意味で，構造技術者が美的設計への最短距離に位置しているともいえるのです．腕を磨き，自信と信念をもって取り組んで下さることを切望します．

目　　次

まえがき

第1章　設計の原点——日常生活と設計 …………………………… 1

- 1.1　酒場のグラス——観察の重要性 …… 2
- 1.2　新幹線の小テーブル——考察の重要性 …… 3
- 1.3　雨傘——単一の機能 …… 4
- 1.4　カメラ——複数の機能 …… 5
- 1.5　時計——異種の機能 …… 6
- 1.6　料理——素材を生かす …… 7
- 1.7　法隆寺の柱——謙虚さ …… 8
- 1.8　遊園地——多目的とゆとり …… 9
- 1.9　美しさ——設計者の要件 …… 10
- 1.10　日常——日常の涵養 …… 12
- 1.11　窓——客観性 …… 13
- 1.12　宇宙は呑み込めるか——視点の変換 …… 14
- 1.13　設計——ものの存在意義 …… 15
- 1.14　再び酒場へ——拘束からの解放 …… 16

第2章　基本認識——設計のこころ …………………………… 17

- 2.1　美しさとは何か …… 18
    - (1)　美しさの種類　18
    - (2)　感覚美　19
    - (3)　情感美　20
    - (4)　視覚美　21
        人の目と視野の特徴／人の見方の特徴／土木構造物における美の視座

- 2.2 橋とは何か‥‥30
  - (1) 資本としての公共性　30
  - (2) 機能としての公共性　30
  - (3) 風景としての公共性　30
  - (4) 工学の産物　31
  - (5) 永い耐用年数　31
  - (6) 社会的な道具　31
  - (7) 劇的な場　31
  - (8) むきだしの構造体　32
- 2.3 橋はなぜ美しくなければならないか‥‥33
  - (1) 人間の本能が美を求める　33
  - (2) 美は存在矛盾を和らげる　33
  - (3) 美における中小橋梁の重要性　34
- 2.4 橋にとっての美しさとは何か‥‥35
  - (1) 個体としての美しさ　36
    橋の美の基本は技術美／外部空間と内部空間／技術美の表現は造形感覚と優しさで
  - (2) 風景としての美しさ　38
    風景の観察と分析／風景への馴染み／橋の調子
  - (3) 都市としての美しさ　42
  - (4) デザインにおける日本性　43
    なぜ日本性を問題にするのか／日本性はいまでも存在するのか／デザインになぜ日本性が必要なのか／デザインにおける日本性
- 2.5 橋の構造形式とその特徴‥‥55
  - (1) 橋の形式と適用スパン　55
  - (2) 橋の形式と特性　58
    桁橋／ラーメン橋／トラス橋／アーチ系橋／吊橋／斜張橋／吊床版橋／石橋／木橋／鋼橋とコンクリート橋
- 2.6 設計の態度と考え方‥‥76
  - (1) 計画における発想法　76
    社会的コンセプトに基づく伸びやかな発想／工学技術に基づく堅実な積み上げの発想
  - (2) 造形の態度　77
    施設の規模と視覚的刺激の制限／理想解と現実解
  - (3) デザインということば，設計ということば　78

2.7 設計者の要件と修練 …… 79
- (1) 誰がデザインを行うべきか　79
- (2) 設計者に求められる要件　80
  設計者に求められる素養と資質／設計者に求められる修練

2.8 土木設計界の現状 …… 81
- (1) 土木と建築の比較　81
  設計対象物／設計の発注形態／設計体制と技術者
- (2) 土木界の課題 …… 82
  人材教育／評論家／諮問機関／設計料，発注方式

2.9 原点としてのデザイン十則 …… 84

第3章　構造計画の実際——こころを形に表す …………………… 85

3.1 計画の手順 …… 86
- (1) 一般的計画手順　86
- (2) 複数橋の計画　88
  各橋の位置づけ／各橋のデザイン整備水準
- (3) 橋梁群としての把握　90

3.2 造形の検討，方法論 …… 92
- (1) 現地調査　92
  現場写真／大きな地形／目につく建造物，大樹など／街の様子／周辺既設橋梁群／歴史的情報，その他
- (2) 類似の事例収集　94
- (3) 造形の基本　95
  現場での発想とシミュレーション／目の前にいつも現場資料／事例参照・物真似排除／下心なく・新鮮な構造形／名物レリーフ主義はデザインではない
- (4) 造形の検討　96
  ラフ図面／構造検討／スケッチパース／スタディ模型

3.3 プレゼンテーション …… 100
- (1) 模　型　100
- (2) 手描きパース　101
- (3) フォトモンタージュ　101
- (4) ワイヤーフレームCG　102
- (5) サーフェイスCG, ソリッドモデルCG　102

3.4 計画上の問題点と実務的解法 …104

 (1) ことばの世界と形の世界のギャップ　104
  問題点／解決策1／解決策2

 (2) 造形のノウハウ　106
  問題点／解決策

 (3) 評　価　107
  問題点／解決策

3.5 造形のチェックポイント …108

 (1) 先人による美の法則　108
  一般的概念／プロポーション，構図，序列など／デザイン論／デザインマニュアル

 (2) 個体美に関する筆者のチェックポイント　115
  好みと美は別もの／不経済な美は意味がない／構造物デザインは芸術ではない／構造技術はもろ刃の剣／全体形，および上部工（構造システムの一貫性と調和，全体と部分，プロポーションとバランス，形のもつ勢い，力の流れ・力のやりとり，形のもつ品格，贅肉のない形，減り張りのある形，細い部材の消失効果，簡潔さ，ジョイント部，直線と曲線，擬態と模倣，形がもつ表情と二軸思考）／下部工（積み木構造，安定感，緊張感，開放感，平面と曲面，光と陰，地盤面へのおさまり）／付属物，その他（構造ディテール，ボルト継手，排水管，上屋，装飾・化粧材，水平と鉛直，エッジ，耐震連結装置，橋上植栽，色彩）

第4章　参考資料──事例・環境・スケッチ …147

4.1 さまざまな形 …148

 (1) 工作物・自然　148
 (2) 珍しい橋　149
 (3) 高欄・柵　150
 (4) 床仕上げ　152
 (5) 壁仕上げ　153

4.2 地球環境への負荷 …154

 (1) 概　要　154
  温室効果ガスと地球温暖化／地球温暖化の悪影響と対策

 (2) 建設工事と CO_2 排出量　156
  排出 CO_2 単位量／排出 CO_2 の抑制

4.3 ラフ図面・スケッチ例 …159

文　献　171
あとがき　173

第1章 設計の原点
── 日常生活と設計

　私たちが日常生活においてある行動をとろうとするとき，必ず目的とする結果を頭に描いたうえで思案し，それを得るために最善と思われる方法を選んでいます．この思考は一種の設計であり，身の回りの事象や経験をもとに毎日のように設計を繰り返しているといえます．たしかに，私たちの周辺は多様な知恵や教訓を秘めたものに満たされており，考えようによっては土木設計に通じる事柄が多々見られます．

　本章では身近な環境に目をやり，土木構造物設計の原点となるヒントを探ります．

1.1　酒場のグラス──観察の重要性

　私たちが酒場で酒を飲むとき，ほのかな酔いに精神が熟してくると，手にもったグラスをカウンターの薄明るい光にじっとかざして見ながら，心を沈潜させたり空に遊ばせたりすることがよくあります．

　そのとき私たちは，物思いに耽りつつも掌中の器の形や重さ，グラスの透け具合やその表面に結ぶ水滴，あるいは中身の液体と氷の色や輝きなどをしげしげと観察し，その美し

写真 1.1　酒場のグラス

さを楽しみながら確かめているといえるでしょう．もちろん酒の味や香り，アルコールの度数の影響も少なくありませんが，グラスと酒のこの視覚的な美しさの度合いによっても，酔い心地に大きな差が生じるのは間違いありません．

　ここで私たちがグラスに美しさを見出しえたのは，グラスそのものが美しかったからというより，光にかざしてじっと見つめていたからであり，心に余裕もなくただ酒，酒と思って無粋な飲み方をしていては，せっかくのこの美しさを感じとることもできず，心地よい酔いも期待できないでしょう．ついでながら，酒を楽しむということは，単にアルコールを摂取するという行為を指すだけでなく，日常受けている多くの拘束から少しばかり自由になり自己の精神を養うという作用もあるもので，節度をもってたしなむ分にはそれなりに意義あることだといえます．

　話がそれましたが，ものをつくったり設計したりする私たちにとってまず大切なのは，ものをよく見，観察することだということを主張したいのです．まして，より良いもの，より美しいものをつくり出そうとするなら，すべてのものに関心をもって，それをよく観察し，知ろうとすることが第一に大切です．

　私たちの直接的な対象物は土木構造物ですが，それが人間の幸せに資することを究極の目的とする以上，人間にかかわるすべてのものと切り離すことはできず，世の中のすべてのものに関心をもって観察するということは私たちに課せられた義務であるとさえいえます．形をもつすべてのものには，ものをつくるための教訓が何かしら含まれているからです．

1.2　新幹線の小テーブル——考察の重要性

　相当以前，同僚と新幹線で出張したときのことです．乗車駅で二人分の弁当とお茶を買い込んでくれたその同僚は，前方の座席横から手前に引き出し，くるりとまわしてセットするあの小さなテーブルに二人分のお茶を載せ，弁当は窓際の固定式の小テーブルに載せました．そのまま二人とも新聞を読み出したのですが，しばらくしてテーブルのお茶が2本とも下に落ちて床を水浸しにしてしまい，

写真 1.2　新幹線の小テーブル

大慌てで読みかけの新聞紙で床のお茶を拭き取り，一汗かいたことがありました．これは，そのまま忘れてしまいそうな小さな事件でしたが，そのあと私たちは目的地までの間，なぜお茶が落ちたのかについて考え合いました．どちらかの手がお茶に触れたのか，列車の揺れが大きかったのか，お茶の容器の形状が悪かったのか，あるいはテーブルに原因があったのか．しかし，二人とも容器に手を触れなかったし，列車の揺れも普通だったし，容器の具合も悪くなく，結局は引出し式のテーブルの設計がよくなかったという結論が得られました．テーブルは面積が小さいうえに表面がツルツルしていて，おまけにストッパーの縁取りもつけられていなかったのです．このテーブルの設計者は，清掃のしやすさと収納性という点を重視するあまり，テーブル本来の機能をおろそかにしてしまったに違いありません．なお，いまではこの形式のテーブルはほとんど姿を消しています．

　結局，これはものの機能の多様性と設計という点について注意を促す有意義な事件となり，目的地に着いたときは少しばかり利口になっていました．

　これは一例ですが，私たちにとって観察の次に大切なことは，ていねいに考えることです．なぜそんな形をしているのか，なぜ美しいのか，なぜ美しくないのか，なぜそうなったのか，ていねいに考えて自分なりの結論を得ることです．形あるすべてのものには意味があり，その意味を考えることも私たちに課せられた義務といえます．

　観察と考察，この二つのことを訓練して習熟すれば，ほとんど直感的にものの本質が見えるようになるでしょう．

1.3　雨傘——単一の機能

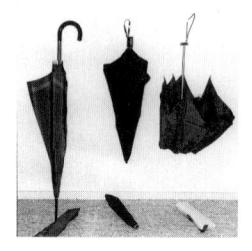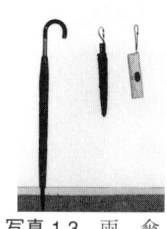

写真 1.3　雨　傘

　私は写真1.3に示す3種類の傘をもっています．左端のものは閉じたときの長さが90 cm，開いたときの直径が110 cmになる一本傘で，常用しているものです．中央のものは折り畳んだ長さが36 cm，開いた直径が100 cmになるごく普通の折畳み傘で，仕事場の置き傘にしています．右端のものは皆さんもおもちの超小型折畳み傘で，出張用に便利かと思って買ったものです．実はこの3番目の傘が面白い（？）傘で，折り畳んだら小さくて軽いので背広のポケットにさえ収まるし，ビニールケース付きなので濡れたままで鞄にしまうこともでき，折り畳んで持ち歩くのにはとても便利にできています．

　しかし問題があります．この傘は折り畳んだときと開いたときにはしっかりした形を保っていますが，ただ閉じたときの形が不安定で中途半端に広がってしまい，乗り物のなかなどでは扱いに大変困ります．さらにおかしいのは，骨が6本しかないため開いた直径が小さく，吹き降りの日など風にあおられ，頭と肩口をガードするのが精一杯だということです．つまり，使わないときに便利で使うときには役立たず，という判じ物のような品物で，設計者が骨を折り畳むことに骨を折りすぎた結果の失敗作でしょうが，むしろジョークと受け取って楽しむべきかと思ったりします．そんなわけで，私は左端の大傘を常用していますが，中央のは両者の中間的な傘で雨の日にも一応は役立ちます．

　ところで，イギリスでは依然として傘は一本傘であり，閉じて持ち歩くときの問題はそのまま姿よく見せるという方法で解決していると聞きます．彼らは傘を格好よく巻くことに熱心で，靴磨きのように街角で傘巻きを商売にしている人までいるそうです．私も，傘を一種の携帯式家屋と見なし，開いたときにできる空間の性能を最重要視するイギリス流のほうが正当だと思います．ともあれ，この3種類の傘を見ていると，つくづくと設計の面白さを感じ，興味が尽きません．

1.4　カメラ——複数の機能

私はカメラも 5 台以上もっています．小型のオートカメラ，普通の一眼レフ，ハーフサイズの一眼レフ，フルサイズのオート一眼レフなどです．レンズも，広角から 200 mm までの交換レンズやズームレンズなどを揃えています．もう少し写真の好きな人なら，もっとたくさんのカメラやレンズをもっていますし，専門店にいけば実に多くの種類のカメラやレンズやフィルムが並

写真 1.4　カメラ

んでいて，一体こんなにたくさんの種類がどうして必要なのかと思えるほどです．しかしカメラの場合は，先ほどの傘の話とはだいぶ事情が異なるようです．

普通の雨は，人々に等しく降りかかる日常的な自然現象であり，雨から身を守ろうとする人々が傘に要求する性能や使い方はほとんど同じで，しかも比較的単純です．したがって，傘の基本形にそうたくさんの種類が必要なはずもなく，工夫しすぎると傘でなくなってしまうことさえあります．

カメラは，基本動作としては写真を撮影するという単一の機能しかもっていないように見えますが，撮影するという行為の目的意図や条件，あるいは対象物の種類は千差万別で，1 種類の機械にこれらに必要なすべての性能を備えることはとてもできません．つまり，カメラには非常に多くの高度な機能が要求され，それに対して機種の数で対応せざるをえなかったのでたくさんの種類が並んでいるのであり，しかも最近のカメラはどれもよく撮れるので，カメラでないカメラなどめったに見かけないのです．それにしても，カメラのもつ機能的な美しさには飽きることがありません．カメラは，写真を撮りたいという人間の積極的な創作意欲の産物で，しかも写真を撮ることはどちらかといえば格好のいい行為なので，実用本意で機能まるだしの姿が美しいのだと思います．真即美といってもいいでしょう．

傘の場合は，第一に課せられる機能が雨から身を守るという比較的消極的で原初的なものであるうえに，その行為もあまり格好がいいものでもなく，機能まるだしでは様にもならないので，色や模様をつけるのでしょう．

カメラも傘も，どちらの設計も面白そうで難しそうです．

1.5　時計——異種の機能

私の家には壁掛時計から風呂用のタイマーまで数えあげれば18個もの時計があり，われながら驚きます．しかし，このうち時計として常用しているのは5個，時計としてではありませんがないと困るのが4個で，残りの9個はなくても困ることがありません．

時計も，異種の機能をもつ面白い道具です．元来の機能は時刻や時間を計り，知ら

写真1.5　時　計

せることですが，私たちがそういう目的で時計を見るとき，単にそのときの時刻と1日におけるだいたいの位置づけを読み取るだけで，時計全体の形態やメカニズムにはめったに関心をもちません．そもそも時刻を知りたいと思うのはあわただしいときがほとんどですし，針時計は時刻や時間的位置づけが一瞥するだけでわかるようにできているので仕方のないことです．

時計はまた，装飾品としても重要な機能を負わされています．腕時計はイヤリングや指輪と同様に装身具としても大切ですし，掛時計や置時計はインテリアアクセサリーとしても役立っています．装飾品として見る場合，私たちは時計と洋服との釣合いや，室内調度との調和などに気を使いますが，表示されている時刻の遅速にはあまり関心をもちません．

アナログ時計とディジタル時計の違いにも興味が湧きます．針時計は日常的な時刻だけでなく，過去と現在を結ぶ雄大な時の流れをも感じさせてくれますが，時間の流れから一瞬一瞬の時刻を切り取って断片的に表示するディジタル時計からそれを感じることはできません．しかも，秒まで数字で表示されると少しでも狂っていると気持ちが悪く，無益に正確さを求めるようになって心が休まりません．時を計るといえば，太陽や月も，鶏も私たちの胃袋も一種の時計ですし，解釈を少し広げればカレンダーや四季を告げてくれる草木や空の雲も，いや，時の流れに従って時とともに変化する森羅万象が時計であるとさえいえます．深更，文字盤の上をゆっくりと回る時計の針を見ていると，いま何時かという些細なことより，抗すべくもないこの宇宙の悠久の摂理に思いが及ぶことがあります．

1.6 料理──素材を生かす

　私は料理が好きです．なかでも日本料理が最も好きで，つくり方にも興味をもっています．といっても，包丁を使ったり研いだりするのが好きなだけで，煮炊きなどはまだまだ未熟です．日本料理の特徴を一言でいうなら，素材を生かすということだと思います．旬の材料を吟味して用い，なるべく素材の持ち味を引き出すように調理します．素材を生かすために，加熱や味付け

写真 1.6　料　理

を全然しないことさえありますし，包丁の入れ方も材料の原形を見せたり，美しい断面を鮮やかな切り口で見せたり，心憎いばかりの気の配りようです．さらに盛付けや器についても，素材の良さを引き立たすように十分な吟味がなされますし，用意される酒も同様で，料理の一部として銘柄や酒器が選ばれます．ですから日本料理を味わう人は，その素材がとれた美しい海や野を思い，幼い頃遊びまわった懐かしい故郷の野山に思いを馳せながら満足感に浸ることができるのです．食事のとり方についても，ただ一膳の箸で自由自在に挟んだり細かくしたりすることができ，厳しい作法もあるにはありますが根本的には素朴なもので，このことが食事をより自由で楽しいものにしています．加工度は低くても日本料理は世界最高レベルの料理で，芸術的といっても過言ではないでしょう．

　西洋料理も美味ではありますが，日本料理とは根本的に異なります．一般に味付けや加工が過剰で，素材の持ち味を生かすという考えとは正反対の強引な料理のように感じられます．食事の仕方についても，肉用，魚用と単一用途に特化されたたくさんのフォークやナイフを必要とし，しかもこの多数の道具の使い方や使う順序がマナーになっていて自由でないのは，少しつまらないことではないでしょうか．おまけに口のまわりを終始ナプキンで拭きながらの食事は，どことなく獣を連想してしまいます．

　料理に象徴される日本と西洋の違いは，あらゆる文化に共通していたのに，明治以来いまだに日本は日本性を捨てつづけています．私は，日本料理のように素材の持ち味を生かすことが，設計の基本の一つだと信じています．

1.7 法隆寺の柱——謙虚さ

西岡常一，小原二郎共著の『法隆寺を支えた木』という本のなかに，とても興味深い話がありました．法隆寺などの古い寺の用材にはほとんど檜（ひのき）が用いられていますが，法隆寺を解体修理して調査したときわかったことがあります．金堂の用材には生駒の檜，塔の用材には吉野の檜が使われていますが，いずれも堂一つ建てるのに山一つが必要だったそうです．まず，山で木を伐る前に山

写真 1.7　法隆寺の柱

の神を祭って木を伐ることの許しを得ます．それから，建物の北側の柱用には山の北斜面に生えている木から，南側の柱用には山の南斜面に生えている木から適当なものを選びます．そして，当時は縦挽きの大鋸もないのでくさびを打ち込んで木の繊維なりに縦割りし，刃物で削って製材しました．繊維がほとんど切られていないので，まっすぐな木からはまっすぐなりの，曲がった木からは曲がったなりの用材ができます．この用材に頭領が墨を付けますが，その木が山に生えていたとき上だったほうが柱の上になるように，山で南側だった面が建物でも南を向くように墨付けします．このように，まるで生きている木をそのまま植え替えるような使い方がされており，こうしてつくられた建物はその木の樹齢と同じだけの年数を傾くこともなく生き続けるのだそうです．昔の頭領の，自然に対する謙虚な態度と素材の性能を最大限に引き出そうとする知恵には，思いもよらなかっただけに驚き，感銘を受けました．

　設計者にとって最も必要な精神の一つはこの謙虚さだと思います．実際，私たちがつくろうとする土木施設は，国民の貴重な税金でまかなわれ，一度つくられると人の寿命に匹敵する耐用年数をもち，もし崩壊することがあれば多くの人命を奪い，しかも風景の一部としても公共性をおび，不特定多数の人々に避けることのできない影響を与え続けます．このような施設の性格を考えるなら，それらを設計するという意味の重大さが改めて認識され，空恐ろしくさえなります．私たちにとって，この謙虚な気持ちこそが何にもかえて大切なことです．この気持ちさえあれば，日常の研鑽を怠ることも，独善的なデザインを押しつけることもないでしょう．

1.8　遊園地——多目的とゆとり

　幼い頃，私はいなかの山や川でよく遊びました．山では木に登ったり，アケビの実やキノコを採ったり，馬のしっぽでつくった罠で山鳥を捕まえたりして遊び，川では深い淵で泳いだり，ドジョウでウナギを釣ったりエビをすくったりしましたが，遊びと同時に食料採取をしていたようなもので，これらの収穫は時々食膳にのぼりました．遊具も竹馬，独楽，古自転車のリム，それ

写真 1.8　遊園地

に肥後の守くらいしかなく，ほとんど自然を相手に遊んでいました．ですから，遊び場所はどこでも危険がいっぱいで何度も危ない目にあったものですが，各自がサルのように敏捷だったうえに，当時の子供の集まりは縦社会になっていて，幼い者は年長者に絶対服従していたので，大きな危険は避けられたのだと思います．

　いまの子供たちはそういう育ち方をしていないので，フェンスに少し破れ目があると簡単に水路に落ちるし，マンションの屋上からウルトラマンになったつもりで自ら飛び降りて死んでしまったりします．自分のせいなのに親はすぐに役所の責任にするので，役所は神経質にところかまわずフェンスや柵を張りめぐらし，これが日本の景観の特徴にさえなりつつあります．遊び場にしても，遊園地にブランコ，シーソー，滑り台などの遊具類を所狭しと並べて事足れりとしていますが，これでは定められた遊びしかすることができず，子供の工夫心や冒険心が育つはずがありません．遊園地などは一面の原っぱにして，押しつけがましい遊具を置かず，大きな木を何本か植えてやるのが一番だと思います．こうすれば，工夫次第で自由に遊べ，子供は自分の体の中に道具をもつようになります．とにかく，人間の能力低下を招くような単一用途で親切すぎる道具があまりにも多すぎます．

　土木施設にも似たようなところがあります．たとえば，計画交通量のみから道路の幅員構成を決めるとすれば，すでにその道路を交通の用のみに供するものに限定したことになりますが，実際はもっと多様な使われ方がされます．多目的または無目的な「あそび」を適所に配することが，そのものに命を吹き込み，広い意味で美しさの要件になることもあるのです．

1.9　美しさ──設計者の要件

写真 1.9 の本に掲載された写真は，マイヤール（Robert Maillart）の設計により 1934 年にスイスのテス川に架けられた人道橋です．昔，この写真を見て以来ずっと思い焦がれている橋で，世界中で最も美しい珠玉のような橋だと思いつつ実物に接するのが何となく躊躇され，未だに実見はしていません．幅 2 m 余り，長さ 50 m 足らずの小さな橋ですが，この川も森もここにこの橋が架けられるのを待ち望んでいたかのように，両岸から手を差し伸べあっているこの緩やかなアーチは，伸びやかさのなかにも少なからぬ緊張感を漂わせ，何よりも質素で控えめな優しさが感じられます．この風景にこれ以上よく似合う橋はないでしょうし，この橋ができたことによって風景はより美しくなったはずです．この姿をじっと見ていると，おそらく人間がいままでにつくり出したもののなかで最も美しいものの一つではないかとさえ思われ，設計者の人柄が偲ばれます．

写真 1.9　Elizabeth B. Mock "The Architecture of Bridges"より

これは死の数年前，彼が 62 歳のときの作ですが，きっとすべてを知り尽くした枯淡の境地で設計したのではないかと想像されます．実際，彼の晩年の写真を見ると滋味あふれるとても優しい目をしており，優しさと清らかさを腹いっぱいにもった技術者だったに違いありません．この橋はいつも私の心のなかにあって，私にとって橋のいわば原点となっています．カバーの版画にはそんな思いを込めました．

土木施設の美しさを考えるとき，この橋にすべての要件が含まれていると思います．詳しくは本論で述べますが，美しさには視覚的な美しさと心的な美しさがあること，視覚的な美しさには個体としての美しさと風景としての美しさがあること，時を経ると視覚的な美醜とはあまり関係なく，人々の心象風景における橋への情緒的な思い入れである心的な美しさが付加されることがあること，などが考えられ，このすべての面においてこの橋は満点の美しさをもっているといえます．この心的な美しさについて少し説明を加えますと，破れかけた何かのポスターが，手垢のついた薄汚れた壁に貼られたままになっているような，ごみごみとうらぶれたガード

下の風景にさえ言いえぬ懐かしさをふと感じるような場合を指し，視覚的な美醜とはほとんど無関係に，もっぱらそのものが経てきた時の重みと，それに接する人の生い立ちのかかわる心的関係をいいます．人を例にとっても，容貌と人間的魅力とは無関係であることをしばしば経験しますが，これは人柄と人格の問題で，心的な美しさといえるでしょう．物にも，物柄や物格が形成されるはずです．

　さて，土木施設，なかでも橋は，川と海の詩と人間の営々たるいとなみを感じさせる情緒あふれる美しい構造物で，私は何よりも橋が好きですが，いくらこれが美しくなければならないといっても観賞用の芸術品ではなく，あくまで実用に供することを目的とする，いわば社会的な「道具」です．

　このことは，これら構造物が風景の一部を構成するということとともに，その美を考えるとき非常に大切です．これらの美しさの基本は構造体そのものの骨格美で，建築物のように化粧材をまとうことのない，いわば裸体の肉体美が求められ，深い力学的洞察力が必要になるゆえんです．しかも，風景として人々に与える影響の大きさを思えば，設計者に相当の素養と資質が必要であるということがわかります．ここで誤解を恐れずに指摘するなら，わが国現代の土木技術者は一般的に相当狭量だといわざるをえません．そして，その最大の原因は系統的な美的訓練が足りない点と，狭い専門世界に偏り常識に疎い点にあると察せられます．これを克服しない限りものの設計者として適格ではなく，克服するためには不断の努力が必要です．

　美しさは理屈ばかりでなく，まず直感があり，理屈はその後ということもあります．ですから，審美眼と造形力を養うためには，美しいもの，優れたものにできるだけ数多く接し，その都度よく考えること以外にありません．そうしているうちに眼が養われ，自分の理想たりうるものに出会うこともあるでしょう．その接し方の最もよい方法は，ただ見るだけでなくスケッチして写し取ることで，描くことによって観察が行き届き，後日目を閉じてもその全貌を克明に脳裏に描くことができるようになります．

　そして次に必要なことは，それにかかわるすべての人々に対する心からの優しさと，対象物自体への愛です．これは感傷ではなく，その心を形に表す行為こそが設計で，常に肝に銘じておく必要があります．

1.10　日常──日常の涵養

　私は建物や乗り物の窓から外を眺めるのが好きで，通勤途中もよくそうします．この写真もそうですが，通勤道など何年もの間，毎日のように通っているので見飽きそうなものですが，毎日のように眺めていても面白くて一向に見飽きません．街路樹の葉の色や遠くの山や雲は，日々表情を変えて季節の移ろいを教えてくれるので，たまには三十一文字をひねりたくもなりますし，

写真 1.10　街角の風景

道路の施設や建物に目をやれば，街づくりにかかわる者として参考になることが多く，それなりに勉強になります．

　この勉強法は，何でも目に見える施設を自分なりに評価し，どこをどうすればさらに良くなるかを考えるという方法です．私の評価基準はAからEの5段階で，A：大変良い，B：良い，C：悪くない，D：悪い，E：大変悪い，のどれかに機能面と美観面を総合評価してあてはめます．こうしますと，ほとんどのものがDかEになり，C以上の点を得るものはあまり多くありません．この場合，私はDやEのもののどの部分をどう変えればCにできるかを考え，BやAにすることまでは考えません．飛躍が大きすぎて訓練にならないからです．CはBに，BはAにと考えます．これを建物，橋，植栽，ペーブメント，縁石，ガードレール，柵，道路排水施設，標識，電柱，鉄塔，バス停，バスの座席というように，何にでもあてはめて考えます．たとえば，私がバスで地下鉄の駅に出るまでの約5 kmの道中，11か所の橋の下をくぐります．高速道路の高架橋が一つ，私鉄電車の高架橋が一つ，残りは歩道橋ですが，これを評価するとBが2橋，C，D，Eが各々3橋となり，いつも改良法を考えています．ここで面白いのは，このなかに私が設計した橋が一つありますが，これに対する評価が時々変わることです．他人の設計なら事情を知らないので非情に批評もできますが，自分のものだけは設計時の細かい制約条件や苦労を覚えているのでなかなかそうはいかず，評価が揺れ動きます．

　私たちがものを見るときは，熱いまなざしだけでなく冷静な客観性もまた同時に必要です．

1.11　窓——客観性

私は窓から外を眺めるのが好きだといいましたが，窓とは，家や乗り物などの閉じられた空間の壁や屋根に，採光，通風，眺望などを目的としてあけられた穴を意味します．概念的にいえば，外部から内部への情報の取入れ口で，人の目や耳や鼻もこれに相当します．個人も家庭も社会も地球も，結界をもつすべてのものは何らかの窓を必ずもち，そこを通してでなければその外部

写真1.11　窓

と接することはできません．窓をもたない唯一の例外は，宗教者の洞窟の世界です．もちろん，これは観念的な世界で現実には存在しませんが，無限の広がりをもつ地中に穿たれた1個の閉じた空間をいい，ここではいくら掘り進んでも外へは出られません．むしろ，この世界は外部という観念が初めからない自己閉鎖の完全世界です．宗教者ならぬ私などには考えるだけで恐ろしい世界ですが，別の意味で似たような自己本位の世界に浸っているのではないかと，ふと反省することがあります．

　話は変わりますが，新幹線などに乗っていて列車がカーブにさしかかったとき，窓から前方に自分が乗っている列車の外観が見えるのがとても不思議に思えることがあります．列車が曲がったのだから当たり前のことですが，内側にいる自分からその窓を通じて自分の外観を見られることに意味があるようです．いつも外ばかり眺めている窓の外に，見えないはずの自分自身の外観が現れ，初めて自分の真の姿を知ることができる．そんなふうに考えると，いくら窓をもっていても，そこから自分以外の外部ばかりを眺めていたのでは，先ほどの洞窟の世界と大差ない世界に住んでいることになります．自己探求の詩人マラルメは，鏡に映った自己を観察する必要性や，自分の居室をその窓の外から覗き見る必要性について述べていますが，私たちも時には自分の魂を空に投げ上げて，天空から自分自身や自分の属する世界を客観視する必要があるのではないかと思います．

　私たちは，多くの人々にかかわるものをつくっています．その設計が独りよがりの自己満足に陥ることがあってはいけないはずです．

1.12　宇宙は呑み込めるか——視点の変換

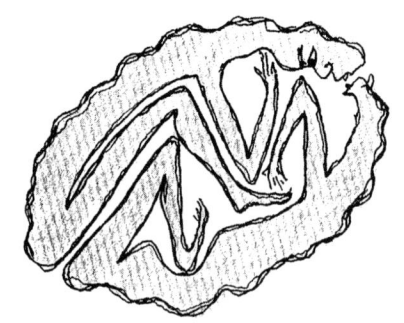

図1.1　宇宙を呑み込んだ人

　私は正と負の符号に興味をもっています．光と闇，外と内，引張力と圧縮力，物質と反物質．いろいろとありますが，プラスからマイナスへ符号が変わるということはそれこそ大変なことで，曲率の符号の問題として1個の円を考えるとわかりやすくて面白いと思います．曲率の符号が変わるということは，凸が凹になるということですが，たとえば私が1個の円内にいて他の人々は全部この円の外側にいるとき，突然この円の曲率の符号が変われば，私が円の外側になって他の人々が一人残らず円の内側に閉じ込められてしまうということです．これを順序立てると，私が入っている円の半径がどんどん大きくなり，ついに半径は無限大となって1本の直線になりますが，この時点で私と他の人々とはこの直線を挟んで対等な立場になっています．内側でも外側でもないこのとき，何が起こっているのでしょうか．この直線はどこまで伸びているのでしょうか．このあと，直線は向こう側へ閉じる円曲線となって人々を閉じ込めますが，符号が変わる瞬間に乗り越えがたい一線があることがわかります．似たようなことは現実にもあります．大昔，小さな村落の周囲にこれを取り囲んで築かれた堤防は，村落の発展とともにどんどん広げられ，ついには河川を取り囲んでこれを閉じ込めてしまいましたが，やはり符号の変化があったといえます．

　ところで，人間はこの無限に広がる宇宙を腹中に呑み込むことができると思いますか？　もし呑み込めば，その人は自分以外の何物をも見ることも触れることもできないはずです．また，呑み込まれた側は地球も太陽も銀河系も丸ごと呑み込まれるので，何の変化も起こらないはずです．すぐに死んでしまいますが，ちょうど靴下を裏返しに脱ぐように，その人の消化器系をくるりと裏返してやれば，それでその人は全宇宙を呑み込んだことになります．このとき，消化器の曲率の符号が変わったわけですが，やはり符号が変わるということは大変なことのようです．

　設計思考が閉じた回路にはまり込んだような場合，たとえばこのような「視点の変換」を行うことが，先ほどの「客観視」とともに必要です．

1.13　設計——ものの存在意義

　私はものをつくったり設計することが無性に好きで，よくぞこの仕事に就いたものだと毎日毎日が面白くてしかたがありません．もちろん，辛いことも多いのですが，それを乗り越えたときの喜びを思えば苦にもなりません．しかし，いくら好きでも仕事と趣味とははっきり区別しているつもりです．趣味なら自分の思いのままで，他人に迷惑さえかけなければ失敗も許されます

写真 1.12　屑　籠

が，仕事はそうはいかないし，何よりもそれで生活の糧を得るのですからプロ意識が必要です．少しでもお金をもらうからには自ら研鑽を怠ってはならないし，常に己の最善を尽くせるよう心身の調子を整えておく必要もあります．

　さて，私たちがあるものを設計しようとする場合，そのものの存在意義を問いただすことからスタートしなければなりませんが，これは設計の根源にかかわる非常に重要な作業です．なぜそれがそこに必要なのか，それは社会にとってどういう意味があるのか，というようなことを設計当初にきちんと整理しておかないと，それに与えるべき機能や性格が曖昧になって，肝心の設計理念が定まりません．次に大切なのは，その理念を設計に反映するのに精神主義では駄目で，具体的な物の形で表さなければならないということです．私たちがつくるのは芸術品ではなく，誰にでも理解できる実用品なのですから，常に人と物から離れてはならず，むしろ即物主義的な方法をとる必要があります．設計理念をいかに具体的な物の形で表すか，考えられる無数の形のなかからどんな素晴らしい一つの形を選び出すか，これは一番の腕のふるいどころで，設計者の年齢とともに向上させることのできる重要な能力の一つです．恐ろしいことに，形には良くも悪くも設計者の個性が必ず表れます，私たちは飛びきり美しい形を考える前に，不格好でない形を考えることから始めるのが賢明でしょう．その基本は，思考と形を整理して簡素化することにあり，何ごとについても同じだと思います．

　たとえば，散歩の途中に屑籠のまわりに散らばっているゴミを見たとき，たまらずそのゴミを片づけるのも一種の設計行為だといえるかもしれません．

1.14 再び酒場へ——拘束からの解放

いまの私の人生にとって不可欠なものは，家庭，仕事，趣味，学問（？），それに酒場をあげなければなりません．いつも遅くまで仕事をして翌朝また出勤するという往復運動を繰り返しているだけでは，いくら仕事が好きでも人生としては明らかに偏っているし，第一その仕事のためにもよくないはずです．

家庭はすべての立脚点で，愛すべきものや守るべきものがたくさんある大切な場ですが，それだ

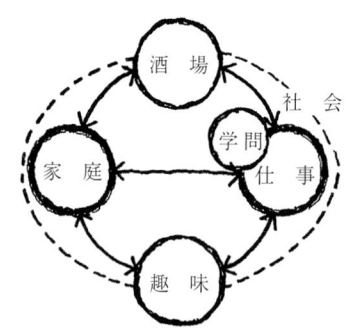

図 1.2 ある人生

けに日常の家庭生活には多くの約束ごとや制約がつきまといます．職場も好きな仕事をして生活の糧を得る大切な場ですが，やはり多くの制約に縛られています．そのうえ双方とも，その気になればどっぷりと浸り込んでしまえるぬるま湯のように危険な一面を併せもっています．

趣味は私もいくつかもっていて，どれもオアシスのように大切にしていますが，私の場合何かをつくったり調べたり，あるいは身体を動かしたりする種類のものが多いので，夢中になって没頭するだけでじっくりと自分を見つめることはあまりありません．学問は仕事のためのいわばプロとしての研鑽で，仕事の延長のようなものです．私は，人間はたまには一人になって，自分を見つめる時をもつことが必要だと思いますが，ここにあげたものにそれを期待することはできません．好きなときに，ふらりと数日の旅にでも出ることができれば理想的なのですが，そんな余裕はとてもありません．

私にとって酒をたしなむということは，日常受けている家庭や職場や社会の拘束から自由な一人の人間に立ち返り，自己を見つめて精神の柔らかな昂揚を期待するものであり，いわば旅の代わりなのです．ですから，大勢でわいわい飲んだり家庭で飲んだりするのは，それはそれで楽しいことですが，この意味では酒を飲んだことにはなりません．やはり，一人かせいぜい気の許せる男と二，三人で，酒場に足を運び，ほの暗いカウンターに片肘ついて，煙草をくゆらせながら，静かにゆっくりとやらなければなりません．酔うにつれて戯れ言の一つも出ましょうが，とても大切な時間だと思っています．この章の話題も，いくつかは酒場で考えたことです．

第2章 基本認識
── 設計のこころ

　本章では，橋の美的設計を行うにあたって認識しておきたい事項を整理します．設計の考え方や方法論は無数に存在し，第3章の考え方もその一つにすぎません．

　しかし，対象を公共土木施設と限定するなら，根本的な出発点に大きな差異があるはずもなく，その意味で本章を基本認識と銘打ちました．美とは何か，橋とは何か，設計者に望まれるものは何かなど，私見も交えながら読者に共感していただきたい基礎事項をこころとして述べ，最後に原点としてのデザイン十則をまとめます．

2.1　美しさとは何か

(1)　美しさの種類

　一般的に美しさといえば，目で見る視覚的な美しさを指すことが多いようですが，広義には「知覚・感覚・情感を刺激して内的快感を引き起こすもの」と定義づけられています．「知覚」は「感覚」とほぼ同義なので，感覚を刺激して引き起こされる快感（感覚的な美しさ）と情感を刺激して引き起こされる快感（情感的な美しさ）の二つに大別されるといえます．感覚は色や味や音のように感覚器官に加えられる刺激によって生じる経験で，知覚のなかでも感覚器官に直接的に関係するものをいい，その器官に応じて，視覚・聴覚・嗅覚・味覚・触覚・温度覚・圧覚などに分けられます．これら各々の感覚が単独に，あるいは複数で感知する快感がすなわち感覚的な美しさで，食べ物の美味さのように誰もが感得できる本能的で原初的なものから，美術や音楽などの芸術に及ぶ根源的でかつ奥深さをもった美しさであるといえます．

　一方，情感は感覚的知覚がその人固有の知識・体験の記憶・感情の記憶等を連鎖的に刺激して引き起こされる総合的で間接的な精神活動であり，この複雑な精神作用の結果得られる快感がすなわち情感的な美しさで，例として懐・哀・愁・慕・楽・憐などの感情があげられます（図2.1）．

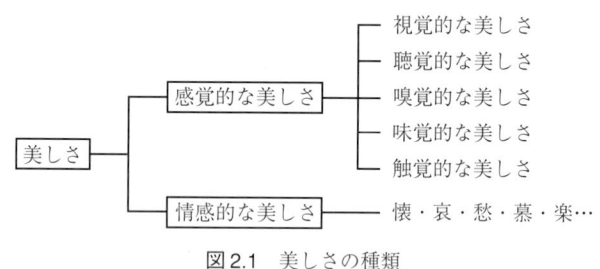

図2.1　美しさの種類

　以上を要約すれば，「感覚的な美は生理学的な美」「情感的な美は心理学的な美」と極言することができます．といっても，両者は完全に別物ではなく，どこかで渾然としており，感覚美の上に情感美が乗っている感じです．

　次節以降に，この「感覚的な美」と「情感的な美」について略述し，さらに私たちにとって最も重要な意味をもつ感覚美の一つである「視覚的な美」についてその要点を述べます．

(2) 感覚美

すでに述べたように，感覚美とは視覚をはじめ聴覚・味覚・嗅覚・触覚などの五官を通して感得される内的な快感で，いわば生理学的な美しさを指します．したがって，この美しさは人間にしか感じられないという性格のものではなく，感覚器官をもつ他の生き物にも感じうるものであり，それどころか，人間より鋭い五官をもつ野生動物のほうがより強く感じているとさえいえそうです．実際，真っ赤な夕日にいつまでも見入っているというイグアナの話を聞いたり，ハーモニカの調べに哀しげに鼻を鳴らす犬の様子などを見ていると，彼らがそれらに感動していることはほぼ間違いありません．

このように，人間や動物は内的快感—美しさを常に求めようとしており，美を愛するということは決して特別な行為ではなく，感覚器官をもつすべての生き物に与えられている本能的な行為だといえるのです．

しかし人間は，感覚のみに頼って生きるという生活を永い間放棄してきたため，感覚が鈍化していたり知識に邪魔されて美しさや醜さに深く感じ入ることが少なくなっているのも事実です．とりわけ視覚的な美醜に対する感受性，なかでも醜なるものに対する感受性が極端に劣化しているように思われます．

第1章で述べた「酒場のグラス」がもつ美しさは，ほとんどがこの感覚的な美しさであり，この場合，グラスの形や透け具合(視覚的な美しさ)，グラスの氷が触れあう音(聴覚的な美しさ)，グラスの手頃な冷たさ(温度覚的な美しさ)や心地よい手重り感(圧覚的な美しさ)，掌や唇の触れ心地(触覚的な美しさ)，それに肝心のウイスキーの香り(嗅覚的な美しさ)や味(味覚的な美しさ)などが織りなす総合的な美しさである感覚美を求めているのです．そして，このうちのどれ一つが欠けても，心からの満足感は得られないでしょう．

本来人間は，このように感覚を通しての内的快感を得ようとする食欲ならぬ「美欲」とでもいうべき本能をもっているのです．しかも，この感覚美の感じ方は生理学的なものであるだけに，夕日が美しいとか料理が美味いという例でわかるように，多少の個人差はあるものの多くの人々がある程度は共感できる性格をもち，そこからある法則性を抽象すること，すなわち美学が成立するという点が重要な特徴です．つまり，感覚美というものは美学によってあらかじめ設計し，自由に創造することがある程度は可能なのです．

(3) 情感美

たとえば，島崎藤村の次の詩を詠んで，人々はどんな気持ちを抱くのでしょうか．

　　まだあげ初めし前髪の　林檎のもとに見えしとき
　　　前にさしたる花櫛の　花ある君と思ひけり
　　やさしく白き手をのべて　林檎をわれにあたへしは
　　　薄紅の秋の実に　人こひ初めしはじめなり
　　わがこころなきためいきの　その髪の毛にかかるとき
　　　たのしき恋の盃を　君が情に酌みしかな
　　林檎畠の樹の下に　おのづからなる細道は
　　　誰が踏みそめしかたみぞと　問ひたまふこそこひしけれ

　若き日の初恋の疼きや喜び，あるいは遠い旅先での懐かしい想い出などが胸せまり，言いえぬ思いにかられる人もいるでしょうし，全然そうではない人もいるでしょう．この詩自体は七五調の調子といい，詠み込まれた情景の美しさといい，感覚的に大変美しくできていますが，情感的な受取り方は受け手の体験や生い立ちによって百人百様のはずです．

　このように，その対象物から直接的に感得するのではなく，その対象物に接することによって，その人の過去の経験や生い立ちに応じて想起され，引き出される間接的な心的快感を情感的な美しさといいます．記憶が関与するこの美は，先に述べた感覚美と異なって本能的に感じとることができず，おそらく人間以外の動物たちは十分に味わうことができないでしょう．

　この美は，対象物の美醜とはあまり関係なく，もっぱらそれに接する人のそれにまつわる経験や生き方に左右されるので，具体的な美の形も変化に富み，多くの人々が同じ形で共感，同感することはめったにありません．つまり，そこに一定の法則性を見出すことが困難で，したがってこの美をあらかじめ設計して自由に創造することはほとんど不可能です．

　しかし，情感美は感覚美から変質醸成されることもあるので，感覚美の創造が情感美誕生の発端となりうる点に注意しなければなりません．

(4) 視覚美

人の五感のうちずば抜けて多くの，そして重要な情報を収集できるのが視覚です．勘ですが，通常の現代人が得る有用情報量の90％以上は視覚情報ではないかと思います．また，目からの直接情報は単なる映像ですが，いろいろな脳の働きが加わって，その映像の意味や非視覚的な内容まで知ることができます．たとえば「旨そう」とか「熱そう」とか「危なそう」という具合に．本書でとりあげようとしている構造物の美などというものは，若干の心理的あるいは文学的要素が入りますが，ほとんどが生理的視覚美の世界でのはなしです．以下に，この分野における生理的視覚美の要点について述べます．

a. 人の目と視野の特徴

■ 広角から望遠，透視まで

人の目はどんなカメラよりも優れた機能を備えています．明るさや分解能が優れているだけでなく，立体視や距離測定，あるいはその気になれば全体視から局部注視に至るズーム能力など，とても高性能です．それどころか，少し想像力を働かすなら，表面に隠されて直接見ることのできないものの内部の様子まで知ることができます．洞察というほうがいいかもしれません．

このように人の目は，一片の視覚情報を脳の働きを総動員して総合化し，分析・照合・判断・記憶までしてしまうコンピューター付き超カメラなのです．ですから，本当に突きつめていうなら，感覚美と情感美に分けてみたところで，すでに眼球の時点で両者は混然としたところがあるのです．

さて，ゴールドフィンガーの研究等によれば，通常事物の形が比較的明瞭に読み取れる両眼視の視野はおおむね60°のコーンで，少し熟視すれば視角を1°程度にまで狭めることができるとされています（図2.2）．私見では，0.5°程度まで可能だと思います．視角1°といえば，大人が片手をゆったり伸ばして摘んだワイシャツのボタン程度，0.5°といえば同じく五円玉の穴程度ですから，たいしたズームレンズです．月や太陽の視角が約0.5°であることを思えば，この説に同感できるでしょう．

また，広角領域においてはさらに驚異的で，1点を注視した場合ただ視野に入るだけなら左右120°，上下110°ほどを見ることができますが，

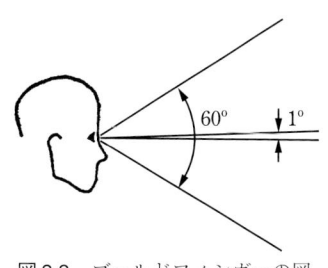

図2.2 ゴールドフィンガーの図

同じ姿勢で眼球を動かせば左右・上下ともおよそ180°の範囲を明瞭に視野に入れることができます（たとえば図2.3）．それどころか，茫洋として見ていないようで広い範囲における動きや変化だけを見出すという見方，目を細めるか焦点をぼかすことによって全体の概要を見るという見方，あるいは広範囲の多くの事物詳細を見るという見方など，カメラにはとても真似のできない高性能レンズでもあるのです．私たちが土木施設を計画するとき，写真を介してではなく必ず現地に何度か立ち，自分の肉眼で現場の様子を確かめる必要があるのは以上の理由によります．

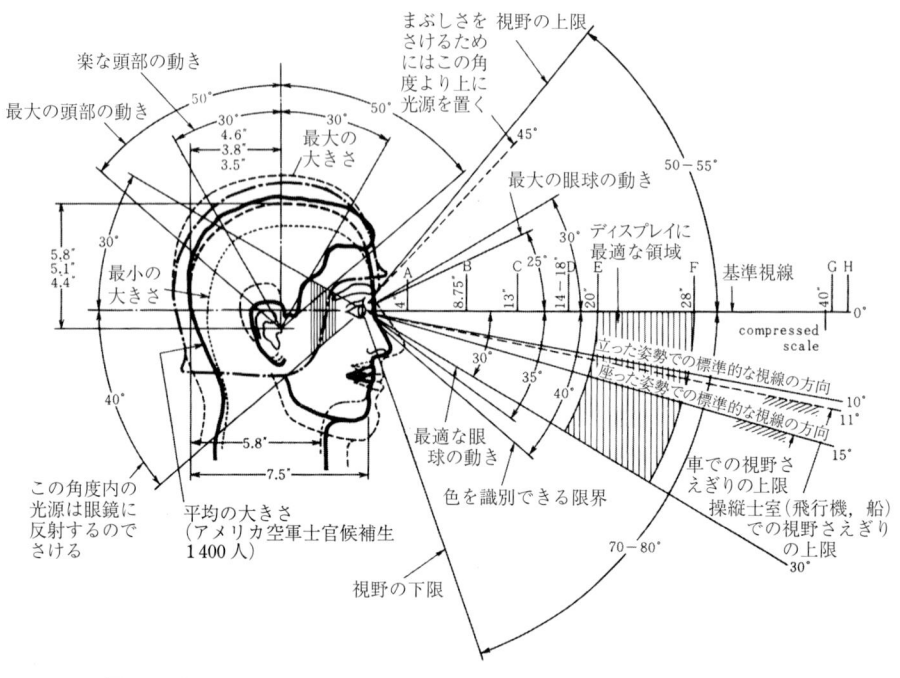

図2.3　ドレイフュスの図（ヘンリー・ドレイフュスの視覚に関する基礎データ）

　余談ですが，このようなものの見方の重要性と使い分けについては昔から芸術や武術の世界でもいわれていて，たとえば宮本武蔵の『五輪の書・水の巻』中の「兵法の目付と云事」には，観見二つの見様，観の目つよく見の目よはく……目の玉うごかさず……と，物事の本質を深く見極める観という見方の重要性が実践的に述べられています．

■ 視野の形と黄金比

壁の前に立ち，壁の1点を注視したときの視野の広さと形を調べて視角表示した，筆者の実験結果を図2.4に示します．1点を注視したままで，用意したマークの位置を変え，その存在が確認できる限界を視野の限界としたものです．多少の個人差はありますが，大概の人も同じようなものだと思います．この図を見ると，黄金比をもつ横長の矩形がこの視野に心地よく内接するということに気づきます．心地よくとは，視野に内接する無数の矩形のうちほぼ最大面積である，つまり余白をほぼ最小にするということで，「行儀よく」と言い換えられます．

黄金比はご承知のように，$A:B = B:(A+B)$の関係をなす矩形の縦横比で，$A:B$はおよそ$1:1.618$です．この比率はバランスがよく美しいとされ，矩形に対してだけでなく，ものの本によっては1本の線に展開して橋梁のスパン比などに適用されてもいます．しかし，旗や横形名刺等の形から黄金比を「矩形」の美しいプロポーションとしてなら共感できますが，1本の線分上に展開することの意味や美しさには疑問の抱かれるところです．

図2.4の作図により，もともと人の視野は黄金比をなす横長矩形に近い形をしていることが理解できます．ですから，この形と相似形の矩形は黄金比ゆえに心地いい，つまり美しい，といえるのです．ただし，それはこのように横長矩形に限っていえることであって，橋のスパン割りを$1:1.6$の比率にして黄金比だから美しい，とするのは論理的に間違いだと思います．他の条件が加わって結果的に美しく見えることはありますが，隣接する長さの比にまで黄金比の論理を適用するのは明らかに拡大解釈です．

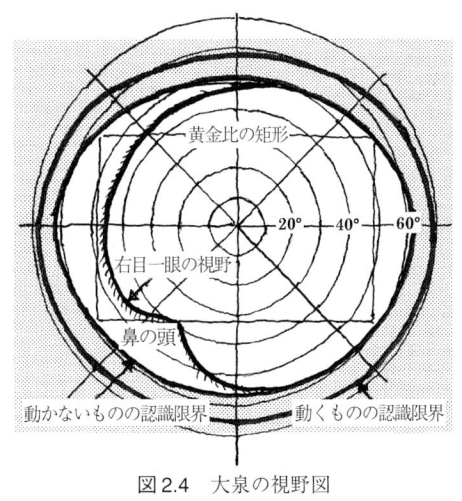

図2.4 大泉の視野図

■ 視界の物差しと額縁

人の目にはもう一つ面白い特徴があります．それは，図2.5のように必ず自分自身の身体の一部が視野に入っていることです．手足の一部，鼻の頭，垂れた頭髪の先，眼鏡の人は眼鏡のフレームなど，そんなものがぼんやりとではありますが必ず視野に入っているはずです．これらのうち，手や足は姿勢によって視界からはずす

こともできるし，見えるとしても目から比較的遠いうえに焦点も合うので，風景の一部と見なすことも可能です。つまり，視野に入る自分の手足の像は，風景側に溶け込んだ縮尺スケールの作用をしているのです。また，視野の隅や周辺にいつも変わらぬ形で見えている顔面部分の不鮮明像は，対象物の側ではなく観察者の側に属し，いわば視界を縁取るフレームとしての作用をしています。これらは案外大切なことで，

図2.5　視界に入る人体の一部

知らず知らずのうちに風景の大きさを測ると同時に，視界に独自の額縁をはめていることになります。

b. 人の見方の特徴
■ 関心のないものは見ない

たとえば人が無意識に道を歩くとき，少しうつむいて何メートルか先の地表に目をやっているのが普通です。ヘンリー・ドレィフュスによると，その俯角は約10°（立姿勢の標準的大人の場合約9m先の地表面）で，ものを見やすい視線方向であるともしています（図2.6）。自然体における視線の方向がやや下を向くのは，おそらく足もと注意と目的方向確認との結果，とられる自己防衛的な結論なのでしょうが，下を向こうが上を向こうが，こういう癖の存在そのものに興味を感じます。

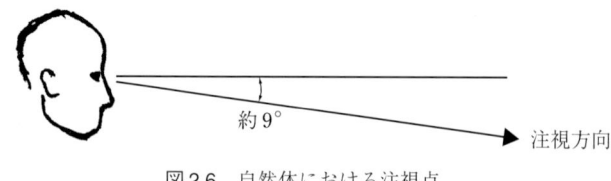

図2.6　自然体における注視点

　人の目は，常態ではニュートラルな向きにあって一定のゾーンしか見ておらず，ある刺激や関心が生じて初めて全方位的な観察態勢に入る，つまり関心がない場合はあまりものをよく見ていないということです。空き地に建っていた建物を思い出せないのも，ぼんやりとしか見ていなかったから記憶にないだけで，見なかったの

は関心も異常もなかったからです．しかし，このぼんやり見るという働きも重要で，情報過多の刺激状態からわが身の神経を守りつつ，異常や変化だけを探すのにはじょうずな方法です．そして，いったん異常を見つけ関心が湧くや，広角・望遠・透視などずば抜けた観察能力を発揮するのは前に述べたとおりです．武蔵の「観」と「見」に似ています．

土木構造物もこの二つの見方がされます．大雑把にいえば，構造物と周辺環境がなす大きな骨格的な見方と，構造物自体あるいはディテールからテクスチュアに至る細部的な見方で，双方の目を満足させたいものです．

■ 見たいものは徹底的に見ようとする

人が特に関心をもってものを見るとき，眼だけでなく体も脳も総動員して観察しようとします．

顔の向きを動かさず眼球だけを動かすと，視野の広さは少し広がるだけですが，そのなかの注視点の分解能が上がり，各部の詳細な様子がよくわかります．

このように眼球の移動は，対象物の各部の様子を克明に理解するのが目的といえます．顔や体の移動は視界を広げるのが目的で，頭の移動だけで左右約220°以上，上下約180°以上に視野は広がります．さらに体を動かせば，すべての方角を視野に入れることができますし，足を使えば対象物との距離も自由に変えることができ，視角さえ自由にとることが可能です．

また，人がものを見るとき，ただ機械的に眺めるのではなく頭を使いながら見るのが常です．ある形を見て美醜や好き嫌い等を感じ，またその形に誘導されて目に見えない部分まで脳裏に描くことができます．さらに，形のもつ特徴に対し，なぜだろうという疑問をもち，考え込むこともあります．

かくも執拗な人の目にさらされたら逃れようがなく，目に触れないだろうからデザインする必要はないという安直な考えは通用しそうにありません．

そもそも，人に見られるか見られないかにかかわらず，「美しいものをつくりたい」という欲望こそが，美的設計の根本的動機の一つなのです．

c. 土木構造物における美の視座

土木構造物の美を引き出すためのヒントや技など，細かなことは後述するとして，ここではそれらをくくる四つの視座について述べます．いわば構造物の美を創造するために必要な四つの切り口です．四つとしたのは最小限必要な数で，緻密に考えればもっとあるでしょう．古くから用・強・美といわれますが，まず環境の美が必要で，同時に用の美・強の美・美の美が求められると考えられます．すなわち，環

境・機能・構造・感覚の四つで，施設を見る人もしくは利用する人に対し，この四つの視座から納得してもらう必要があるといえます(図2.7)．

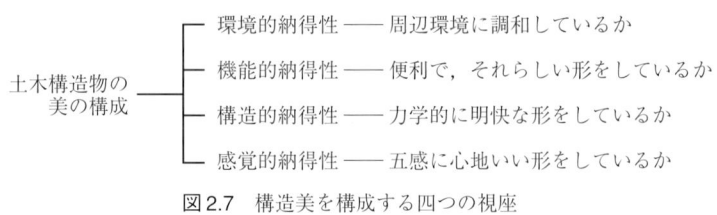

図2.7　構造美を構成する四つの視座

■ 環境的納得性——周辺環境に調和しているか

「なぜここにこんな施設が？」と存在そのものを問う場面と，「なぜここにこんな形が？」と周辺環境へのデザインの調和を問う場面があります．前者は和歌山県の新不老橋の例が示すように大変深刻で，いかなるデザインをもってもカバーできない形以前の問題です．デザインの問題としているのは後者で，周辺環境への調和という面で人々に納得してもらう必要があります．そのために不可欠なのは環境の分析・調和方法の検討・デザインの検討ですが，これらの詳細については風景美として後述します．環境的納得性にかかわる主要な着眼点は，スケール・スカイライン・明度，そして形態の調子などです(図2.8)．

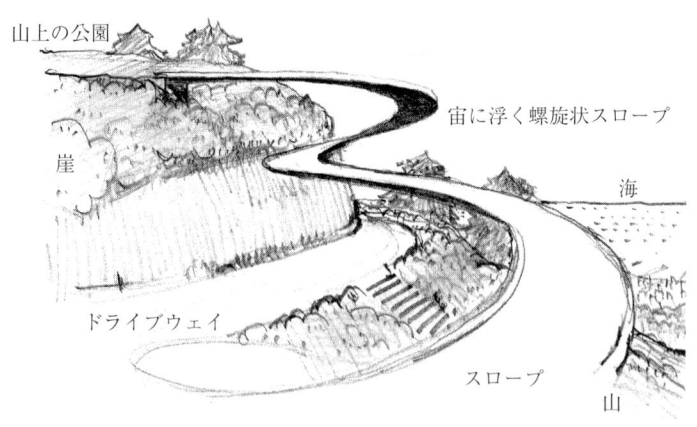

図2.8　周辺環境への調和

■ 機能的納得性——便利で，それらしい形をしているか

　機能として使いやすいか，形が機能を表しているか，という二つの観点を指します．その施設の存在理由が機能である限り，その個体美の創造にこの観点は重要です．施設を計画するには，まず使いやすさを真剣に追求すべきです．たとえば階段一つにしても決まりきった段割りばかりせず，子供にはどうか，老人や妊婦にはどうか，という具合に臨場的かつ優しい姿勢で，という意味です．道具がそうであるように，使いやすいものはそれだけで美しい形を表します．また，内容が表象を決定するといわれます．内容とはそのものの存在理由となっている本質，土木施設なら機能を表しますが，その機能が外観を決めるという意味です．たとえば，タンクならその内容は容器であり，いかにもものを溜め込んだ容器らしい形態をとるのが自然です．機能が一目で理解できるわかりやすい形で，かつ使いやすい．これが当たり前のデザインです．機能的納得性にかかわるデザイン精神は優しさで，主要な着眼点は機能を特徴づける形です（図 2.9）．

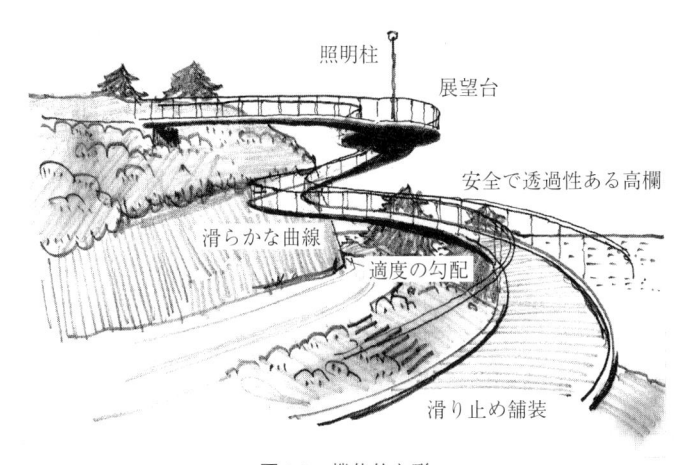

図 2.9　機能的な形

■ 構造的納得性——力学的に明快な形をしているか

　これも構造物の個体美を表現する場合，非常に大切な観点です．ここでは，働きも表象を決定すると付け足します．働きとは，先に述べたその内容を保持するための仕組みがなす働きのことです．タンクの壁が溜め込んだものの圧力に耐える働きをしているなら，必ずそれらしい構造物としての表情をとるはずです．ダムや橋であれば，水圧や自動車荷重を力学的に支える仕掛けがそれらしい形をとります．そ

の構造的な形をできるだけ洗練し，明快に表そうという考えです．端的にいって，構造美は構造効率と均斉の極致に存在し，構造的合理性を追求することによって初めて得られるものです．そして，力学は専門家にしか理解できない難解なものでもなく，その結果である力と形の関係は，一般の人にも十分直感できるものです．

　力の流れがスムーズで，安定感と適度の緊張感を表す形が理想で，これに関与する主要なチェックポイントは力の流れに応じた効率的な形・緊張感・安定感・簡潔さなどです(図2.10)．

図2.10　力学的に明快な形

■ 感覚的納得性——五感に心地いい形をしているか
　先に述べた三つの視座が美の骨格を構築するとするなら，これは美の仕上げに相当し，遠くから眺めても近くから観察しても，また手を触れてみても心地いいように，人間の感覚的な美意識にマッチしたデザインという視座を示します．通常，美といえばこの感覚美ばかりが論じられているようで，古来多くの先人によって研究されてきました．プロポーションにおける黄金比のように半ば様式化されているものさえあります．しかし，様式化するほど固定的でないほうがよく，それぞれの美の骨格の性格に応じた美の仕上げをすることが必要です．たとえば，同じ面取りでも丸形から三角形や四角形といろいろな形があり，その骨格の性格に最もふさわしいものを用いるべきです．

　感覚的納得性にかかわる着眼点はたくさんあり，プロポーション・スレンダネス・陰影・ディテール・テクスチュア・仕上げ・色彩などがその代表です(図2.11)．

図2.11　心地いい形，完成形

2.2　橋とは何か

　土木構造物のデザインを行ったり論じたりする場合，土木構造物そのものの本質的な性格を見極めておかなければ方向が定まりません．ここでは土木構造物の代表として橋をとりあげ，その一般的な性格について整理します．

(1)　資本としての公共性

　ごく特殊なものを除いて橋は公共土木施設であり，人々の税金でまかなわれます．そして，橋自体に直接的な営利目的はなく，社会の要請によって人々の生活向上を目的につくられるものです．つまり，橋の究極の目的は人間の幸せにあるといえます．このことは，橋に社会的な財産として経済性・耐久性・維持管理性・公平性等が求められる重要な根拠となっています．

　私たちが橋などを設計する場合，自分たちの資金が投じられた自分たちの橋をつくるのだという当事者認識が必要です．公共性とは身近なものです．

(2)　機能としての公共性

　橋は，人々の交通の便に供するという公共的機能を負う施設です．しかし同時に，橋周辺の住民にとっては，電波障害・騒音・振動等の発生という，いわばマイナスの機能をもつ施設となることもあります．機能における公共性とは，不特定多数の利用者と周辺者に対する過不足ないサービスが要求されるということです．易しいことではありませんが，安全性・利便性・快適性等を不特定多数の利用者に公平に保障し，同時に周辺住民に対しても一定以上の迷惑をかけないような計画をしなければなりません．

(3)　風景としての公共性

　橋は屋外にあってスケールが大きいため，必ず風景としても人々に影響を与え続けます．その影響の不可避性でいうなら，上記の機能の影響より大きく，機能的に気に入らなければ他の橋を利用すればすみますが，景観の影響は眼を閉じない限り避けることができません．しかも，その橋を風景として目にする人は，直接的な利用者よりはるかに多いでしょう．風景としての公共性，それはデザイン面においても不特定多数の人々を対象とし，特別な場合は別とし，ニュートラルなデザインを

基調にすべきことを示しています．

(4) 工学の産物

橋はさまざまな荷重や変形に耐えなければならず，多くの科学技術のうえに成り立っている工学的所産です．一見精緻な構造設計に裏づけられているように見えても，設計段階で多くの不可避的不確かさを含み，施工段階においても同様です．通常，安全側への諸値設定と安全率でカバーされてはいますが，それほど精緻なものではないことを念頭に，数字のみに頼ることなく荷重の流し方や力のバランスなどに注意し，確かな構造設計を行うべきです．

構造設計に不適切な点があれば，橋の構造に不都合が生じ，いったん破壊することがあれば交通機能を麻痺させるだけでなく，人命にもかかわります．

(5) 永い耐用年数

橋の耐用年数は数十年以上，およそ人の寿命にも匹敵します．橋はこの永い期間を通して多くの人々に影響を与え続け，同時に評価を受け続けます．いわば私たちは，将来に対する文化遺産をつくっていることになります．人々とともに時を移行し，見方によっては一種の人格を形成します．時の移行とともに受ける評価も決して一定ではないでしょう．

この時間軸における公共性は重要で，一時の多数決や数学的手法によっては決められない，芸術的な美しさをも必要とするゆえんです．

(6) 社会的な道具

橋は，交通の用に供することを第一の目的とする社会的な道具の一種であるといえます．手にする道具と違う点は，サイズが大きいこと，屋外にあって衆目にさらされること，個人用ではないことなどですが，実用目的であることに変わりはありません．道具類は実用的でありながら，機能を第一とするがゆえの独特の美しさをもちます．しかし，私は美のための美，美のみを目的とするものを芸術と定義しますので，この意味で道具や橋は芸術的であっても芸術ではありません．私たちは芸術を行うのではないことを銘記すべきです．

(7) 劇的な場

川を渡り谷を越え，道路や鉄道を跨いで空中に架けられる橋は，その橋面に非日

常的で劇的な場を提供します．橋上に立てば頭上も足下もオープンな空中に浮くことに等しく，非日常的な橋からの眺めや体感する構造の揺れとともに，人々に強い感動を与えるはずです．また，人知を尽くして所定の空間を跳んでいる橋体の姿は，ときにはダイナミックに，ときには健気に見え，人々の心を打ちます．ただし，計画や設計が無神経・粗雑に行われた場合，これらはたちまち無感動なものに転じます．

(8) むきだしの構造体

　橋は揺れます．橋を通る荷重によってだけでなく，周辺の道路交通によっても，風によっても，橋が存在する限り数十年にわたって揺れ続けます．

　このため，下手をすれば構造体にさえ疲労による不都合が生じますし，化粧用の外装版やタイルの類などは，通常はよほどメンテナンスを厳重にしない限りいつかは落下するものだと考えるべきです．このことと，構造体に対する点検性確保の観点から，橋はその外側を化粧材等で覆うことなく構造体むきだしで用いられるのが原則です．装飾美ではなく肉体美・骨格美が求められるゆえんです．

　ここにあげた八つの性格をいちいち吟味するなら，橋を設計することの重大さと難しさが改めて認識され，空恐ろしくさえなるでしょう．私たちは，挑戦意欲とともにこの謙虚さを持ち続けることが何よりも大切です．

2.3　橋はなぜ美しくなければならないか

　本来橋は,「川を渡りたい」「谷を越えたい」という人間の心からなる切実な願いを一身にあびてつくられたものであり,憧れや願いがいっぱい込められていたことでしょう.また,人柱の伝説が暗示するように橋を架ける行為は命がけの危険を伴い,橋を渡ることさえ危険を感じる行為だったに違いありません.だから,橋はただ存在するだけで美しく,感動的でさえあったはずです.それは,空を飛びたいという人類の夢を果たし,しかも死と直面しつつ初めて空を飛んだ飛行機がもっていた美と同質の美です.

　多くの人々に心から求められて出現するものは,その外観にかかわらず,存在そのものが善であり美であるといえます.

　しかし,それははるか昔のことで,現代橋梁において存在美の条件をもつ例は非常に稀で,美たりうるのは視覚においてのみといえます.そして,存在美に代わるものとして視覚美が求められているようにも見えますが,それにしても,そもそもなぜ橋は美しくなければならないのでしょうか.

　何度も問いかけられているこの素朴な問いに,少なくとも自己納得できる回答を用意しておかないと,美的設計の足元が定まりません.筆者は以下のように考えています.

(1)　人間の本能が美を求める

　本来人間は,あらゆる感覚を通していろいろな内的快感を得たいという本能的欲望をもっています.視覚的快感をすなわち美とするなら,誰でも美欲とでもいう美を求める本能をもっていることはすでに述べました.この美欲が橋にも美を求めてやまないという見方です.

(2)　美は存在矛盾を和らげる

　橋の究極の目的が人間の幸せにあるとはいえ,直接その恩恵にあずからない人々にとって,無益または迷惑な存在となっている例は日常的に起こっています.現代の多様化した価値観や輻輳した社会生活のなかでは,公共施設といえども利害関係における妥協の産物であり,すべての人々に納得される普遍的存在理由をもたないのが普通です.この場合,利用上の快適性も含めて目に美しい設計を行うことによ

って，その存在矛盾から解放もしくは和らげることができるという見方です．美しさが新たな価値観として働き，存在そのものは気に入らなくても美しい姿をしているなら，それが新たな存在理由になるという考え方です．

(3) 美における中小橋梁の重要性

　一般的に橋の規模は大きいといっても，数のうえで圧倒的に多いのは橋長100m程度以下の中小規模の橋です．これらは都市内はじめ至る所に存在して人々に日常的な影響を与え，影響力という点では大規模橋梁よりはるかに大きいといえます．つまり橋のデザインは，大規模なものに対してばかりでなく中小規模のものに対しても，それ以上に念入りに行うべきであることを意味します．小さい橋だからと気を抜いてはいけません．小さいほうが数も多く，人の目も近いのです（写真2.1，2.2）．

写真2.1　中小橋梁

写真2.2　長大橋梁

　エンジニアリングをハード，デザインをソフトとするなら，経済性の原理によって巨大な橋は造形の大部分がハード面の動機と追及でつくられ，小規模な橋になるほどソフト面の自由度が増えます（図2.12）．つまり，ソフトなデザイン力の差異は中小規模の橋において強く表せるともいえるのです．

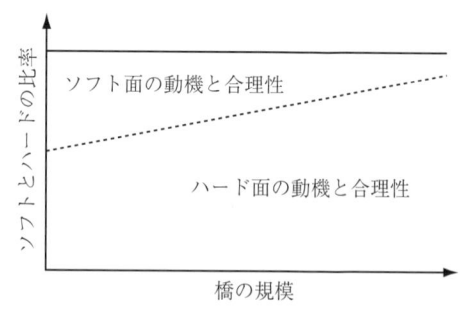

図2.12　橋の規模とソフト，ハードの比率

2.4　橋にとっての美しさとは何か

　風景が織りなすある調子のなかに，違和感を抱かせるものが混在するために景観として台なしになっている例をしばしば見かけます．たとえば，田園風景のなかにある新築農家の目の覚めるように派手な原色屋根などがそうです．その農家だけを見るなら美しくないことはないのですが，周囲の風景からは完全に浮いてしまっている，こんな例はよく見かけます．そのうちに同様の家が徐々に増え，風景そのものを変えていきます．このように人間がかかわる風景は，時とともに必ず変遷し続けるものではありますが，できることなら違和感のない連続的変化を望みたいものです．

　橋の美についても同様で，まず環境から切り離した1個の個体として洗練された美しさをもち，同時にそれが環境のなかに置かれたときの馴染みの良さをもちたいものです．以下，前者を個体美，後者を風景美と呼びます．

　いかなる橋も，まず個体として美しくありたいものです．そして橋は，先に述べた視座に立って入念な設計を行えば，自ずと構造物がゆえの独特の個体美を発揮するものなのです．しかし最近の一部の風潮として，安易な化粧や強引な直截的意味論に頼る傾向が見られるのは残念なことです．

　また，橋が一定以上の規模をもつ構造物である限り，いかに融和法をとろうと，原風景にある程度の影響を与えてしまいます．したがって風景美については，橋をいかに周囲の環境に調和させるかという観点と同時に，いかなる新しい風景をつくろうとしているのか，そしてそれが地域の風土や人々にとって好ましいものであるかどうか，と考えるのが適切です．

　先に，橋の美を考える四つの視座について述べましたが，ここに述べた個体美・風景美との関係を示せばおおむね図2.13のようになります．

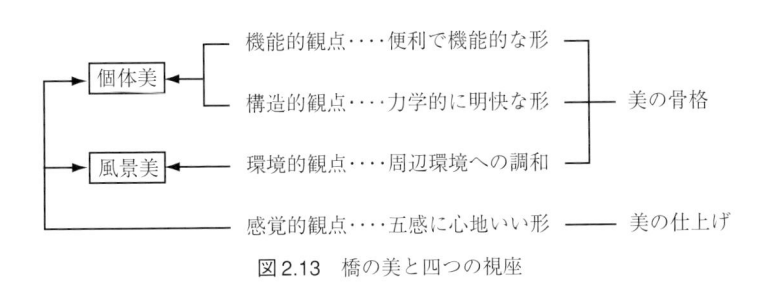

図2.13　橋の美と四つの視座

(1) 個体としての美しさ

a. 橋の美の基本は技術美

橋は実用を目的とする工学的所産であり，これがもつ美は実用を目的としない芸術作品の美とは本質的に異なります．橋の美は洗練された道具類がもつ美とほとんど同じで，個体美も風景美も技術美を本質とします．

怖いほど切れそうな包丁，使いやすそうな大工道具，よく鳴りそうな楽器，これらの道具には多少の装飾はありますが，原則として機能第一主義で本体むきだしです（写真2.3，2.4）．本体には機能ゆえの独特の美しさがあります．

写真2.3　包　丁 　　　　　　写真2.4　ギター

これらが表す機能美・技術美は，本物のみがもつ迫真力をもって胸を打ち，人の心を深く魅了します．それは，機能の追い方が究極をきわめ，その形が研ぎ澄まされているからです．技術美は生半可な追求ではないところにしか存在せず，また機能の種類にも大いに関係します．その機能が優しければ優しい美を，凄ければ凄絶な美を表します．

以上の理由から，橋梁美の基本は機能美・技術美に本質があることが理解できます．橋には，大きなスパンを跳ぶという強烈な機能目的と，安全に人を渡すという優しい機能目的があり，これだけでも橋が特別な美しさを秘めた存在だということがわかります．

技術美による主要なデザイン原則は，下記のようにまとめることができます．
① 美のために安全性・経済性・機能性を犠牲にしない．
② 力の流れと機能を明快に見せる．
③ 機能，構造の究極を追求する．

④ 健康な骨格美を本領とし，装飾の使用は最小限度に抑える．
⑤ 自然光線による光と陰の効果を重んじる．
⑥ スケール感，プロポーションを重んじる．

b. 外部空間と内部空間

橋のデザインにあたっては，人の視点との関係において橋の外部空間と内部空間を考える必要があります（図2.14）．

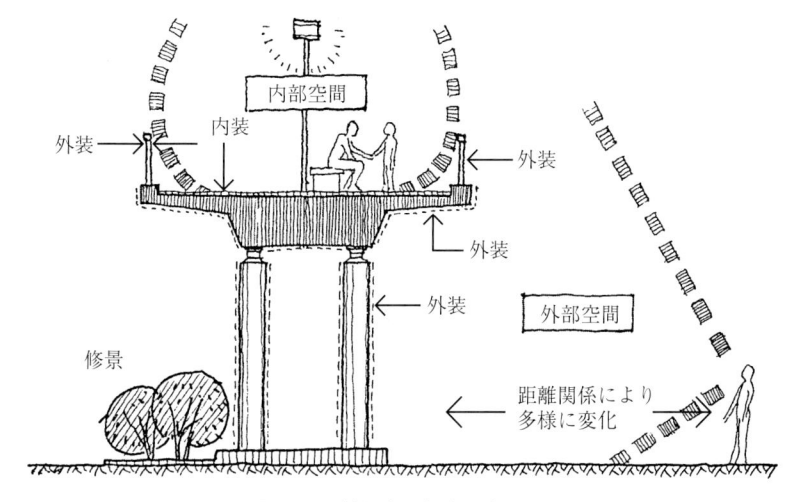

図2.14 外部空間と内部空間

外部空間は橋の外部にいる人が感得する空間で，橋と人の距離関係等によって多様な景観が出現します．一般に，遠距離から近距離に至るにつれ，スケール感→全体の形→基本色調→ディテールの形→テクスチュア，と順次主要な関心事が変化し，これがデザインの要点となります．

内部空間は橋を渡る人が感得する橋面空間および橋詰空間で，デザイン的には距離関係というより居住感・臨場感を重んじることが大切です．橋の平面計画・床仕上げ・高欄等の内装やファニチュア・橋からの眺望等がほぼ均等な重要さをもちますが，下路式橋梁の場合は吊材やトラス材によって半ば閉じた内部空間が構成されるので，特に注意が必要です．外部空間と内部空間の検討と整合，この二軸整理が橋のデザインの基本です．

c. 技術美の表現は造形感覚と優しさで

技術美といっても，いわゆる技術から美が自動的に生まれるわけではありません．

力学等の構造設計技術は，設計を支える大切な要素ではありますが，これがすべてではありません．力学的選択には大きな幅があり，決してただ一つの解を示すものでもありません．力学は，構造形式・骨格の組み方・部材寸法・材質等々の条件次第で多くの構造形を可能にし，それらの設定が適切でありさえすれば，ほとんど思いどおりの解を得ることができます．

つまり，望みのものを力学等の駆使によって手に入れるのであって，力学が何かを指し示してくれるわけではありません．

つくりたい形，こうあってほしい寸法，望ましい技術美，これらを設定し，表現するのは確かな技術に裏づけられた造形感覚と優しさです．

優れた構造的センスと美的センス(接する人への優しさを含む)，これが分離することなく同一設計者のなかに備えられ，構造的センスに磨かれた美的センス，あるいは美的センスに裏打ちされた構造的センスと表裏一体化することによって，独自性と一貫性のある構造デザインが可能となります．

(2) 風景としての美しさ

もとの風景のなかに一定以上の規模をもつ橋をはめ込めば，それだけで風景は新しい骨格と性格を帯び，必ず変質します．風景に対して規模の及ぼす影響が強いため，風景の変質の具合を微妙にコントロールしたり特別な意図を盛り込むのは容易なことではありません．よほど遠景でない限り橋を環境に消去，埋没させることは不可能に近く，橋を設計することは橋のある新しい風景を設計することであると，明確に意識するしか手がありません．

橋の風景美は，中景(橋の視角約30～60°)程度の距離が最も重要で，この距離から見る橋全体のスカイラインと色調が地の風景にいかによく馴染むかということと，橋にどんな調子を与えるかということが決め手となります．

スカイラインの風景への馴染みとは，橋のスカイラインと原風景のスカイラインとの関係によって左右されます．スカイラインとは対象物外観の空を背景とする輪郭線のことで，高欄やディテール等は風景美にほとんど無関係であることに注意が必要です．

風景美の計画は，原風景の観察と分析→橋の風景への馴染み→橋の調子，と考えるのが現実的です．

a. 風景の観察と分析

風景美の創造は原風景の分析と周辺環境の調査から始まります．しかし，風景は

距離や角度によって無限に変化し，時の流れに対しても決して一定ではありません．また，日本の風景には微地形と植生等がなす微妙な地域差もあります．

一方，中景風景に対する橋のデザイン面での対応力を考えると，とても風景の肌理細かさにはかないません．移ろいゆく風景の無常とデザインの対応限界，このことを考えれば風景要素の一つひとつに細かく執着するのは無意味で，ある程度の幅を考慮して大略の雰囲気を把握すれば実用上は十分です．原風景の適切と考えられる分類例を図 2.15，写真 2.5～写真 2.8 に示します．

```
                    ┌─ 近代的都市風景 ──── 例：写真 2.5
                    ├─ 牧歌的田園風景 ──── 例：写真 2.6
原風景の分類 ──┤
                    ├─ 起伏性の自然風景 ── 例：写真 2.7
                    └─ 平坦性の自然風景 ── 例：写真 2.8
```

図 2.15　風景の分類

写真 2.5　近代的都市風景

写真 2.6　牧歌的田園風景

写真 2.7　起伏性の自然風景

写真 2.8　平坦性の自然風景

2.4　橋にとっての美しさとは何か

次いで，風景要素のなかで特に地域の人々にとって重要な事物・歴史的な事物・構図上のポイントとなる事物，たとえば寺社建物・城郭・大樹・山並み等ですが，これらと計画している橋との見え方の関係を重ね合わせ，注意深く観察します．これが現場における頭脳によるシミュレーションですが，この時点でいくつかの橋のイメージが浮かび上がってくるはずです．原風景の観察は，このように橋梁設計の原点にもなる重要なステップですので，設計者は何度か現場に立たなければなりません．

　作業の実際は，橋に対してやや遠い中景（橋の視角 30 〜 45°）となる距離で，架橋予定位置の前後左右少なくとも 4 か所以上の眺望点を選び，観察のうえ 28 mm 程度のレンズで写真撮影しておきます（図 2.16）．

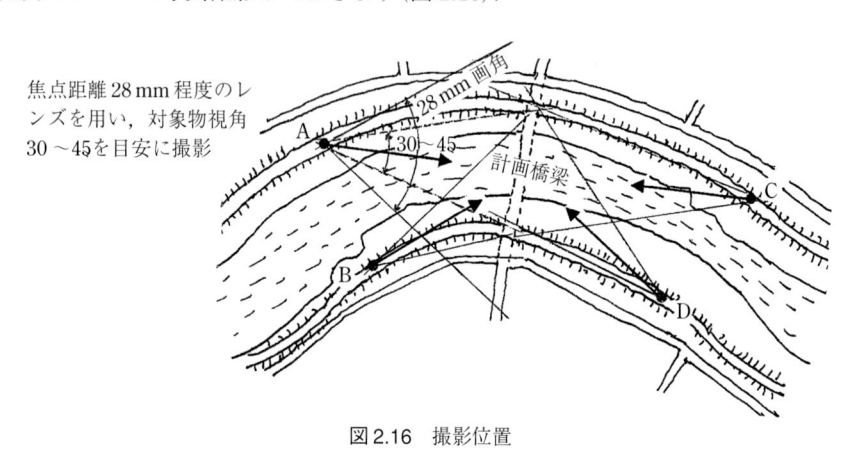

焦点距離 28 mm 程度のレンズを用い，対象物視角 30 〜 45 を目安に撮影

図 2.16　撮影位置

b.　風景への馴染み

　橋を架ける前の原風景は，付近の人々にとって見慣れたものであっても，必ずしも美しい風景とは限りません．しかも，風景は時とともに変化するので，その時点での風景にピタリと調和する橋である必要はありません．

　そもそも橋の形式は景観論だけで決められるものでもなく，原風景に対して唐突感や違和感のない馴染みのよいものにしようということにすぎません．馴染みは調和とほぼ同義ですが，皮膚感覚と時間軸における違和感のなさをより強調したことばとして用いました．

　調和の方法として，消去法，融和法，強調法の 3 方法がよく論じられますが，図 2.17 に示すとおり，消去法を不可能として融和法と強調法を有効と考えるのが現実

的です．強調にせよ融和にせよ，馴染みのポイントは構造物と風景のスカイラインの相互関係と明度・色調が決定的です．スカイライン相互が不調和をなしたり，相互の色調が余色対比などの不調和を起こさないように，風景に馴染みのいい強調法，馴染みのいい融和法をとります．

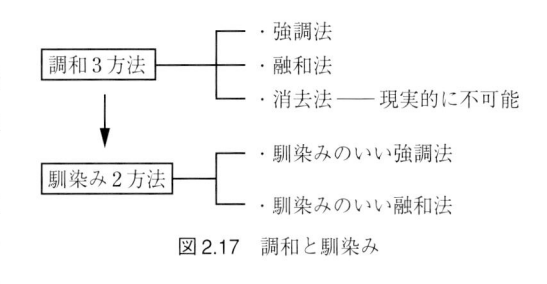

```
調和3方法 ─┬─ ・強調法
           ├─ ・融和法
           └─ ・消去法 ── 現実的に不可能
    ↓
馴染み2方法 ─┬─ ・馴染みのいい強調法
             └─ ・馴染みのいい融和法
```

図2.17 調和と馴染み

c. 橋の調子

橋の性格によって，橋にある視覚的な様子「調子」をもたせたい場合がよくあります．風景への馴染みを保ちながら，橋に一定の調子や個性を与えることは可能ですが，質的に異なる多様な調子を細かく表現し分けるのは大変困難です．まずは，「馴染み」の項で述べたように，強い調子と弱い調子という二分法によって大別してからかかるのが間違いない方法です．

よく目立つ橋を意図する場合，風景がつくるスカイラインを橋のスカイラインで破り，風景とは明度の離れた色彩を採用するのが最も効果的です．

控えめな橋を意図する場合は上記の逆で，しかも環境に多く見てとれる風景の調子に合わせて橋の形態を構成するのが効果的です．

次に，さらに細やかな調子の検討に移りますが，これを辞書のように網羅してここに記述するのは困難です．たとえば，軽快〜重厚，都市的〜牧歌的，男性的〜女性的，動的〜静的，悠々感〜緊張感等々のように，調子が対をなす「軸」で考えるのが簡便ですが，軸相互は完全に独立していないうえに，形の調子をことばで表現する難しさがあるからです．しかし実用的には，図2.18のように軽快〜重厚（軽快感軸），繊細〜力強い（繊細感軸），端正〜躍動的（躍動感軸）の3軸を考慮するのがいいと考えられます．ただし，これらは調子の様子であって，必ずしも強弱ではありません．

実際上橋に与える調子については，橋のあり方等の論理的コンセプトから導くこともできますが，こればかりはあまり理詰めにすぎることなく，コンセプトをひっく

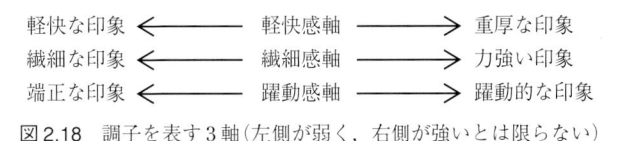

軽快な印象 ←──── 軽快感軸 ────→ 重厚な印象
繊細な印象 ←──── 繊細感軸 ────→ 力強い印象
端正な印象 ←──── 躍動感軸 ────→ 躍動的な印象

図2.18 調子を表す3軸（左側が弱く，右側が強いとは限らない）

り返すくらいのつもりでスケッチを繰り返し，絵の上で判断するのがいい方法です．原風景の分類，橋の調子の関係をマトリックスにすると表2.1のとおりです．

表2.1 原風景の分類と橋の調子

橋の調子	周辺環境	近代的都市風景	牧歌的田園風景	起伏性の自然風景	平坦性の自然風景
強い調子	軽快感				
	繊細感				
	躍動感				
弱い調子	軽快感				
	繊細感				
	躍動感				

(3) 都市としての美しさ

個体美，風景美の次は都市美です．風景美は架橋現場の特徴を反映しつつ一つの視野に入る一景としての美でしたが，都市美は都市全体としての調和ある変化の妙がつくり出す広域的な美で，その都市の特徴を反映するものです．都市美を考慮した橋のあり方，それは個体美と風景美を満たしたうえで，その場所の都市としてのあり方，たとえば都市計画上のゾーニング計画に照らして，それにふさわしい性格をもった橋といえます．この場合，複数の橋が計画されているなら群としての系統的な判断も必要になります．この考えの延長に日本美というテーマがあるのです（図2.19）．日本らしい美しさ，それは何でしょうか．

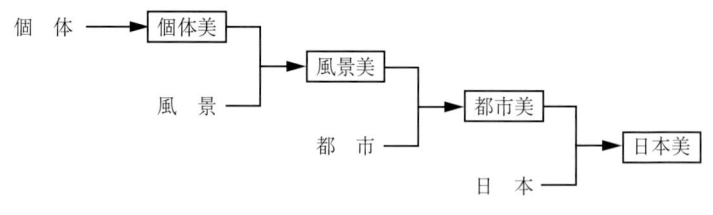

図2.19 個体美から日本美まで

(4) デザインにおける日本性

a. なぜ日本性を問題にするのか

筆者が追求するデザイン上の重要テーマに,「デザインにおける日本性」があります.この場合の日本性とは,直截的に寺社建築や木橋,あるいは着物などを指すのではもちろんなく,抽象化された美的概念としての日本らしさを表します.それにしても,こんなテーマと橋のデザインが,一体どんな関係にあるのでしょうか.デザインとはどの国どの民族にも通用する普遍的なものではないのか,そこにローカルな日本を持ち込む必要がどこにあるのか…….このように考える人が多いかもしれません.

しかし,ことばも料理も音楽も,要するに文化は発祥のときから元来ローカルなもので,その場所の気候風土や民族性が強く反映されるものです.その後のたび重なる文化的交流によって若干の相互影響は見られますが,基本的には現在においても,服装・食事・住居・言語・音楽などにおける民族間の差異は非常にはっきりしています.デザインにおいてもまったく同様で,気候風土や衣食住の特殊性は諸々のデザインの特殊性となって表れます.よいデザインほど民族性豊かなもので,逆に個性のないデザインは出涸らしのお茶か蒸留水のようなものです.ただ,道路や橋のように機能が国際的に相似である場合,住居におけるほどデザイン上の特殊性は出ませんが.

だいたい世界を通じての普遍性とか平均値などというものは困った面もあるもので,たとえば世界中の人間の平均身長を調べてこれが地球人の平均値であるといっても,日本人一人ひとりの実身長と比べればぴったり同じ人は皆無に近いでしょう.人間をある民族の一員として認識する限り,このような世界的な普遍性など実態を伴わない無意味な概念でしかありません.

とはいえ,普遍性を否定しているのではなく,それどころか耐用年数が永く,不特定多数の人々を対象とする公共施設のデザインに最も求められているのは,時間軸と空間軸の一定領域における普遍性だと考えています.たとえばその領域を東京と限定し,ある東京都民にとって地球人の平均身長は無意味でも,東京人の平均身長ならたちまち有意義な数値になるでしょう.一定領域の,という形容がついても普遍性といえるかどうか自信がありませんが,ここでは橋梁デザインにおけるその領域を「一日本人の生涯における領域」と定義します.すなわち,時間軸は数十年から100年,空間軸は日本の国,この程度の大きさの領域における普遍性が,わが国

のデザインにとって必要不可欠だという考え方です．公共施設がすぐに飽きられる一過性のものであったり，一部の人たちにしか好まれないものでは困るからです．そして，わが国を一定領域とする普遍性は，他の領域，たとえばフランスから見れば特殊性であり，日本らしさを表しているのです．

写真 2.9　国籍不明のデザイン例

ひるがえって，わが国昨今の土木デザインの実情を見ると，美醜以前に国籍不明のものや自己満足的なものが多すぎます（たとえば写真 2.9）．そのほとんどがデザインの巧拙というより無神経や思慮不足によるように見受けられ，まずは振り出しに戻り，しっかりしたニュートラルなデザインから出直し，個体美，風景美，そして最終的には日本らしいデザインを志向すべきだと思います．ニュートラルとは，環境からもあまり浮き立たず，調子もあまり浮き立たず，という脱個性の方向を指すことばです．純粋な技術的検討によるニュートラルな原形の美しさを出発点とし，技術の組立に徐々にある美的規範を取り入れることによって，美の個性化を図ります．その規範として最も適切なのが日本性だというのが筆者の考えです．それは，私たちが日本に住み，この日本には美しいもの，いいものがたくさんあるからです．ぜひともそれらに隠されている精神と造形原理を汲み取り，デザイン概念として捉えたいと考えています．

また，日本人が何の意図ももたずにごく自然にデザインすれば，それが日本的なデザインである，という乱暴な論もありますが，それは間違いです．現在の私たちは，雑多な情報や断片的な知識で満たされているといっても過言ではなく，自然体では何が出てくるかわかりません．何事もしっかりした目的意識と相応の表現能力を伴ってこそ実現できるものです．

b.　日本性はいまでも存在するのか

デザインにおける日本性，これは大変難しい問題です．この国は大昔大陸の一部であったし，島国になってからも大陸や半島，あるいは南方の影響を強く受け，何をもって日本というのか大問題です．私たちの現在の日常生活を見ても，朝は洋間のような部屋のテーブルでパンとコーヒーをとり，昼は蕎麦やラーメンをすすり，夜は朝と同じテーブルで焼き魚と飯を食い，座敷に布団を敷いて寝る．一生の主な行事を見ても，誕生間もなくのお宮参り，神式結婚式で打ち掛けから豪華ドレスに

写真 2.10　住吉大社（南方の様式ではないか）

写真 2.11　孟宗竹（亜熱帯の植物）

お色直し，死ねば仏式の葬儀と，現代日本の生活は何もかもごちゃ混ぜで，一体何が純粋日本なのかわかりません．また，一般には最も日本的なものの一つと見なされている神社建築にしても，たとえば住吉大社などに見られる朱と黒の彩色，柵に施された丸や三角の文様，神社建築共通の高床などをじっと眺めていると，これは明らかに南方の国々からきたものだと察せられます（写真 2.10）．あるいは，日本の代表的植生とされる竹も，特に小径竹の藪など見ていると熱帯か亜熱帯と同じだと感じます（写真 2.11）．竹と同じ科に属する稲も南方由来とされています．

このように，日本の地で独自に生み出された事物を指してのみ日本とか日本性というのなら，いまやそれはほんのわずかしか残されていないでしょう．しかし，生みの親より育ての親というように，どこで生まれたかというより，どこでどのように育てられたかということが個性を決めます．たとえ外国から入ってきたものでも，この国で長い年月あたためられ手に馴染んだものなら十分日本的といえるのです．具体的な事物そのものもそうですが，むしろ取捨選択や洗練に要した美意識や作法など，精神的な身の構え方をこそ日本的というべきかもしれません．このように考えると，私たちはいまもって日本性というべきものに囲まれていることが理解できます．ただ，それが何者であるかはよくよく吟味する必要があります．

列島がまだ大陸と陸続きだった数十万年前から，いまの日本の地に旧石器人が住み着いていた証拠が見つかっていますが，どこからきたのかはよくわかっていません（図 2.20）．陸続きであった以上彼らを日本人とは言いがたいのですが，実際は細

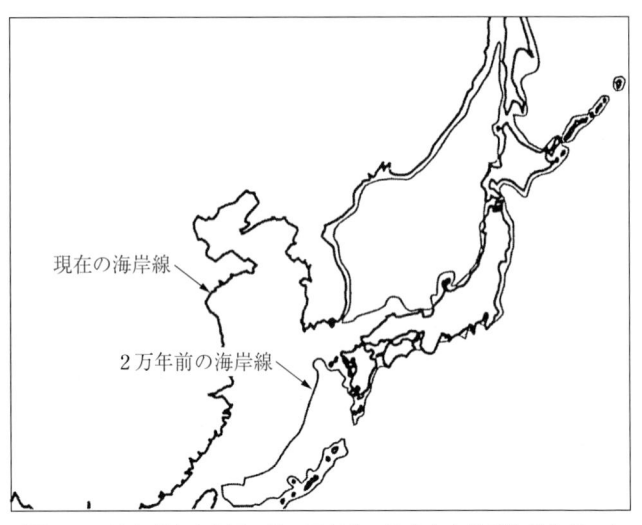

図 2.20　日本列島古地図．約 2 万年前，日本と大陸は陸続きだった
（日本文芸社「日本人の起源の謎」より）

長い回廊状の陸橋でつながった半島でしたから，それなりの地方性をもっていたのだと思われます．わが国の旧石器時代は数十万年前から約 1 万 2000 年前まで続き，そしてこの頃日本列島は大陸から分離しましたが，その後の有土器新石器時代である縄文時代は，紀元前 2〜3 世紀までざっと 1 万年間も静かに続きます．この静かさのお陰で，すでにかなり高度でユニークな文化が発達していたことが多くの遺跡の出土例でわかっています．事実上の日本の原点は，この縄文時代に培われたといえるでしょう．

　青森県の三内丸山の縄文遺跡は，いまから 5500 年前から 4000 年前までの間，実に 1500 年間も存続した一大都市跡であることが科学的に確認されています．古都，京都でさえ 794 年の建都からまだ 1200 年余りしか経っていないというのに，よほど安定した生産力と社会機構をもっていたことが想像できます．海の見える広々としたこの丘に立つと，往時の厳しいなりに豊かでおおらかであっただろう日常生活が目に浮かびます．ここでは，すでに栗や稗などの食用植物の栽培や都市内の土地利用計画も行われ，公民館や物見とでも呼べる公共建築物まであしました（写真 2.12，2.13）．出土した石器や土器はどれも精巧なうえに芸術的要素をもち，縄文の人々の豊かな精神活動をうかがうことができます．

　紀元前 2〜3 世紀になって主に半島経由で大陸の影響を受け，青銅器や鉄器を伴

写真 2.12　三内丸山遺跡・復元集会所　　　写真 2.13　三内丸山遺跡・復元柱列

う弥生時代に移ります．この文化は 3 世紀頃まで続きます．この間多くの半島人や大陸人が入来混血して弥生人になったといわれていますが，このとき日本は失われたのでしょうか．確かに弥生文化は，既存の縄文文化に覆い被さるようにやってきた異質の文化ではありますが，日本が失われたとはいえません．むしろ，これも日本なのです．日本人はもともと国際混血によって形成された人々です，新しい文化の影響を受け，それをうまく呑み込んでしまったというべきです．その後，弥生文化が発展的に移行したと思われる古墳時代・飛鳥時代にはますます大陸文化や半島文化を取り入れ，6 世紀には仏教伝来，7 世紀初頭には遣隋使派遣と，まさに明治初期にも匹敵する国際大交流時代を迎えます．この時期は，それまで見たこともないような華やかで進んだ外国の文化や文明に触れ，憧れと畏敬の念をもって飢えたようにそれらを取り入れようとしたはずです．文化の交流は人の交流でもあります．多くの人々が往来し定住したことと推察されます．しかし，9 世紀末の遣唐使廃止，10 世紀初頭の唐滅亡を機に外交は衰え，10 世紀末には細々とした私貿易以外にはほとんど外国との交流は途絶えてしまいます．以来，実に 19 世紀後半，江戸末期に至るまで約 900 年もの永い鎖国的な状態が続きます(図 2.21)．

　ここまでたどってきただけでも，この国の実体とは何なのか，文化も文明も大陸や半島の借り物ではないのか，純粋な日本などというものは存在しないのではないか，そもそも日本人とは何者なのかとさえ思えます．環日本海文化圏という共通項をもった一国ですから，確かにある意味ではそうともいえます．

　しかし日本は，確かに他の国とは異なる個性をもつ特徴的な国で，独自の文化や美意識も育まれています．ここで問題にしているのは人種血統的な純粋性ではなく，独自の思考法や行動習性など，いわば人文スタイルにおける日本性です．日本流とか日本式と言い換えることも可能です．

2.4　橋にとっての美しさとは何か

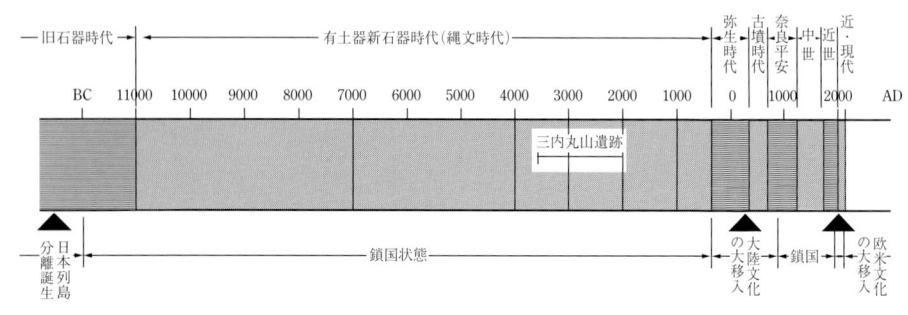

図2.21　年　表

　その日本性は大きな三つの要因によって育まれたものだと思われます．
　一つは海によって他から隔離された地理条件，二つ目は穏やかな四季や山紫水明に恵まれた気候風土，三つ目は加藤周一氏の指摘する永い文化的鎖国の静かな歳月です．すなわち900年にも及ぶ永い孤独の時代にあって，私たちは弥生期から遣唐使の頃までに取り入れた大量の外国文化を，縄文をベースに吟味選択のうえ身につける作業を行っていたことになります．この永い時間は消化不良を防ぐに十分な時間だったし，周囲をとりまく海は他から作業を邪魔されることを防ぎました．そして，穏やかで豊かな気候風土がこの洗練過程に独特の味つけをしたと考えられます（図2.22）．
　わが国の稲作農耕文化は自然条件に恵まれるため，基本的には新しい工夫や発明を行うより同じことを正確に繰り返すことのほうがはるかに重要だという面があり，この繰返し行為が洗練を生み出したと考えられます．同様に，一度手に入れた外国文明も，手につかないものは捨て，有用なものはさらに自分に合うように馴染ませていきました．独創的な創意工夫をこらしたり，複数のものを足して別の一つのものを生み出したり，新たな発明などしなかったはずです．手に入れた文化や文明は，

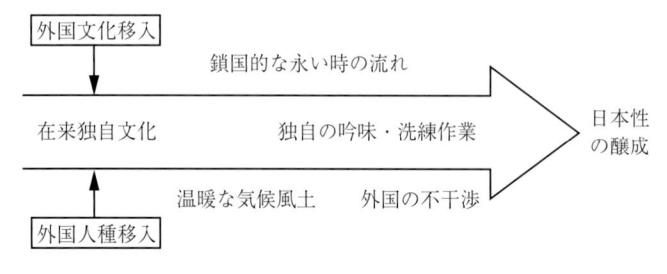

図2.22　日本性の醸成

48　第2章　基本認識

その原形を変えることなくわずかな改良を加え，また時と場合によって使い分けることによって自分の手に合わせてきたのです．多重平行文化といわれるのはこういうことです．

　その繰返し過程において，穏やかで豊かな気候風土が独特の美意識や人生観となって影響したことでしょう．これが洗練という意味で，このスタイルと条件こそが日本的なのだと思います．穏やかな農耕文化といわれるのもうなづけます．たとえば，古来日本の心の根底にあるといわれる「はかなさ」への憧れや無常観などという概念は，絶体絶命の危機にさらされた絶望的な人生観ではなく，たとえば台風で村落が壊滅的被害を受けたとしても，1，2年も辛抱すればまた自然が恵みを与えてくれるだろうという，豊かな自然の補償を言外に期待した「はかなさ」なのです．つまり，一種の安心感に裏打ちされた諦観であって，死と隣り合わせの砂漠の民が抱く厳しい無常観とは本質的に異なるはずです．このようにこの国ならではの癖，つまり日本性は，いまでもなお存在すると考えていいでしょう．

　c.　デザインになぜ日本性が必要なのか

　1万年以上に及ぶ縄文期に醸された原日本性は，弥生期以来急速に大陸の影響を受け入れ，飛鳥期に至っては嵐のような外国文化の洗礼を受け大混乱を来したはずですが，その後およそ1000年近い孤立の時を費やしながら，それらを取捨選択のうえ吟味洗練することによって我が物とし，自分の文化として培ってきました．

　そして，明治維新によって突然鎖国は解かれ，再び嵐のように急激な国際化の時代を迎え，そのまま今日に至っているといえます．明治時代は欧米の先進諸国に追いつけ追い越せを合い言葉に，その文化・文明を取り入れることによって国家の近代化に努めた時代です．あまりに急激な変化は大いに価値観の混乱を招き，極端な拝外主義は1000年かけてせっかく育んできた日本性を悪しきもの，古臭きものとして排除しようとしました．この時期には大切なものがずいぶん多く失われました．

　こうして一応の近代化に成功したと見るや拝外主義は排外主義に転じ，日清・日露・第一次世界大戦を経て，ついには太平洋戦争参戦へとつながります．この日清・日露の頃から日本はおかしくなり，このおかしさは現在もなお進行中です．太平洋戦争敗戦後の復興にあたってまたもや価値観の混乱にまみれ，拝外主義の復活となります．欧米に追いつけ追い越せと，またたくまに世界に冠たる経済大国にのし上がり，無節操のあまり，いま好況経済崩壊後の清算に悩み苦しんでいるといえないでしょうか．今日の日本は，このように明治の文明開化や昭和の敗戦復興期の延長線上にあり，まだまだ価値観や世界観の混乱から逃れきっていないということ

が理解できます．吟味洗練する静かな時間を全然費やしていないし，しかも国際化や経済混乱は急速に進む一方だからです．それは人の心にも現れているし，デザインにおいても同様です．これが国籍不明のデザインや意味不明で独善的なデザインを生み出している原因の一つだと思います．

　少なくとも公共施設のデザインには何らかの価値観と規範が必要です．私たちは一人ひとりの胸の内でじっくりと思索し，価値観の洗練という作業を通じて何らかの規範を見出す必要があります．その規範の重要な一つが日本性なのです．

　日本人が意図せず自然体でデザインすれば，それがすなわち日本性だという安直な論がいかに間違っているか理解していただけたと思います．

d.　デザインにおける日本性

　では，デザインにおける日本性とは何でしょう．

　日本はデザインの面でも不思議な国です．私たちの多くは，古びた寺社建築や簡潔な数寄屋造りなどに美とやすらぎを感じますが，一方には豪華絢爛，極彩色の日光東照宮の類があります．見方によっては，趣味の良いものと良くないもの，まったく相反するように見えます．どちらが日本なのでしょうか，あるいはこれも日本的な使い分け，平行多重性なのでしょうか．しかし，こればかりは目的と趣旨が違います．会津八一に詠まれた唐招提寺の古きまろき柱も，創建当時は派手派手しい鮮やかな朱色に塗られており，そして当時の寺院はいまでいう国立大学か高級官庁のような存在で，決して庶民に親しまれた施設でも美的鑑賞の対象でもありませんでした．永い年月を経，建物の古色とともに今日のような開かれた信仰対象，場合によっては美的鑑賞の対象となったのです．一方の東照宮は徳川家康という権威の象徴であって権威誇示のためのデザインがなされ，それが今日まで維持されているのです．決して美を追求したデザインではありません．したがって，この二つを同一の美の論理で論ずることはできません．

　それにしても，東照宮の例は別としても，たとえば着物の紅絹裏のように，地味と派手とがセットになったようなデザインは，確かに日本らしいデザイン手法の一つとして数えられるように思えます．

　ここで，日本の美術や文化の特質として，筆者の考えや他の論者の見識を思いつくままにあげてみます．とりあげた論者は会田雄次，上田篤，梅棹忠夫，加藤周一，司馬遼太郎，多田道太郎，ドナルド・キーン，西田正好，フェリース・フィッシャー，ブルーノ・タウト，渡辺昇一の諸氏，その他質問にお答えいただいた身近な方々です．

■ 日本美術，日本文化の特質
- 温暖多湿な気候風土は，稲作農業と穏やかな農耕文化を発達させた．
- 豊かで穏やかな自然は強烈な指導者や神を必要とせず，森羅万象を等しく敬うことで足りた．
- 農耕民族の関心は外界にではなく内へ向かい，伝統的文化を培った．
- 山紫水明の国．水蒸気が多くどこまでも透き通る透明感に欠ける．
- 自然界は極彩色ではなく中間色の世界．
- 植生は変化に富み，猥雑というくらいに雑多である．
- 島国ゆえに，外からのものを溜め込むだけで，外へは何事も発信しなかった．
- 少なくとも有史以来は，他国からの武力侵略を受けたことがない．
- 世界的に見ても珍しい同一言語，同一文化，同一民族に限りなく近い国．
- 日本人の五感は穏やかで敏感，特に視覚・味覚・触覚に関して．
- 心は繊細過敏．わずかの違いにも意味を感じ，風や雨にさえたくさんの名称をつけて区分する．
- ドライな論理性より情緒性・ウェット性を好む．
- 完全無欠・対称性より何かが欠けた状態，いびつな形態を好む．
- 体の中に道具が内蔵されており，わずかの道具を器用に操って用を足してしまう．専門化した単一機能の道具を必要としない．
- 日本人の宗教観は一種の美意識であり，清々しさを最上とする．
- 己の欲するところを人になせではなく，己の欲せざるを人になすな，という消極性と調和志向．
- 寡黙を美徳とする．言葉のみならずあらゆる表現において饒舌・多弁を嫌い，短縮化・簡素化・省略を好む．
- 日本の美意識の根源には万物に対する畏敬があり，けがれ恐怖症の形をとる．西洋の美意識は権力に根ざし，空白恐怖症の形をとる．
- 規律より調和，対立より共存を重んじる．
- 日本美の本質は「簡素」「調和」「明快」である．
- 日本美の本質は「省略」「繊細」「緻密」「自然」「機能美」である．
- 現代日本におけるグッドデザインの特質は「コンパクト」「シンプル」「ユーモア」「アシンメトリー」であり，これらを陰で支えているのが「職人芸」である．手法として「伝統からの本歌取り」が行われる．
遊びながら機能や素材の持ち味をしっかり生かすのが日本のデザイン．

- 創意工夫や発明より，改良・改変を得意とする．
- 和洋中の絡み合いのなか，数多くのシステムを次々と積み重ねる多重平行性を好む．合わないものは改良し，いらないものは捨てる．
- 文化も技術も先鋭的に専門化することなく，融通無碍な曖昧さに満ちていて厳しさがない．
- 画期的な独創性に欠けるが，伝統のなかで「守」「破」「離」を繰り返すことによって，改良・洗練を行ってきた．
- 木と紙の文化，軽みの文化．
- 素材の経時変化まで機能の一部と考える素材重視の美意識．
- 複雑なものより簡素なもの，騒がしいものより静かなもの，派手なものより地味なもの，豪華なものより質素なもの，粗大なものより繊細なもの，強大なものより華奢なもの，等々に美を見出す．
- それらの美をより美たらしめるために，正反対のものとの対比や隠し味，あるいは構図美の様式化などの手法を使う．

多少の異論はあっても，大方の人の同感が得られる見方だと思います．しかし，これらだけからデザインにおける日本性を抽出するには少し無理があります．そこで，さらに日本らしい事物や空間構成を加え，造形概念と造形手法という観点から抽象してみます．

■ 日本らしい事物

格子，障子，畳，濡れ縁，茶室，土塀，垣根，石垣，飛び石，坪庭，石庭，寺社・数寄屋等の木造建築，瓦葺き，茅葺き，陶磁器，漆器，山水画，書，刀剣，着物，料理，松，竹林，雑木林，里山，梅林，山桜，白砂青松，水田，祭り，花火，雪月花，花鳥風月，四季，霞，等々

■ 日本らしい空間構成

人間的なスケール感，陽と陰の対比と調和，自然と人工の融合，制御された自然，非幾何学性，非装飾性，さりげなさ，作り過ぎない作り，見えない部分の美，明瞭な境目のない区分，多目的性，無目的性，時の移ろい，素材の質感重視，やわらかさ，優しさ，質素，静寂，清潔，精緻，等々

■ 日本らしい造形概念と造形手法

以上の整理に若干の考察を加え，大雑把ではありますが日本らしい造形概念として次の8項目をあげ，結論とします．

① 人への優しさ

② 自然への謙虚さ
③ 真即美
④ 簡素にして繊細・精緻
⑤ 素材の重視
⑥ 無も造形のうち
⑦ さりげない周到さ
⑧ 移ろう時への配慮

そして，これらのデザインコンセプトを手堅く実現するための日本らしい造形手法として，下記8項目をあげます．
① 空白の美
② 対　比
③ 隠し味
④ くずし
⑤ 意図的不完全性
⑥ 構図美の様式化
⑦ 格付け
⑧ 直線の多用

ここで，構図美の様式化とはたとえば七五三，天地人，真副体(そえ)等々を表し，格付けとは真行草等を意味します．

■ 日本らしさをもつ橋の例

デザインにおける日本性を上記のような抽象概念で表しましたが，これらの概念がデザインに反映されていると考えられる例を，伝統的なものも含め写真2.14〜写真2.17に示します．

写真2.14　伝統的な八つ橋

写真2.15　伝統的な桁橋

2.4　橋にとっての美しさとは何か

写真 2.16　繊細な蓮池橋　　　　　　　　　写真 2.17　簡潔な桁橋

　建築分野における計画論やデザイン論が，幾世紀にも及ぶ建築史や芸術史のうえに成り立つ深みのある知的重層であるのに比べ，土木のそれは歴史的・精神的バックボーンが希薄で，単純で薄層な感覚論に終始することが多いのは否めません．その意味からもこのテーマは大変重要で，継続して今後さらに考えていくつもりです．

2.5 橋の構造形式とその特徴

(1) 橋の形式と適用スパン

橋の構造は，梁，柱，版，ケーブル等の構造要素，またはその組合せで構成されます．これら要素の構造特性と材料特性をどのように組み合わせ，どのような形で構造的効率を引き出すかによって，各種の橋梁形式が生み出されてきました．構造システムと構成材料は不可分の関係にあり，時代の工業力とともに発達してきました．

構造形式の分類法には各種ありますが，主たる部材の働きに着目すれば，桁橋・ラーメン橋等の曲げ抵抗系のシステム，トラスのように曲げを軸力に変換して抵抗するシステム，アーチ系橋梁のような圧縮抵抗系のシステム，および吊橋・斜張橋・吊床版橋などの張力抵抗系のシステムに大別できます．分類表と各々の適用スパンを表 2.2, 2.3 に，系統的分類を表 2.4 に示します．

表 2.2 橋梁形式

大分類	中分類	形式
曲げ抵抗系	曲げ抵抗方式	桁橋
		ラーメン橋
	軸力変換方式	トラス橋
圧縮抵抗系		アーチ系橋
張力抵抗系		吊橋
		斜張橋
		吊床版橋

表 2.3 橋梁形式と適用スパン

	構造形式	適用スパン (m)
鋼橋	H 形鋼橋	10 〜 30
	単純 I 桁橋	10 〜 55
	単純箱桁橋	20 〜 60
	連続 I 桁橋	25 〜 60
	連続箱桁橋	35 〜 100
	連続鋼床版箱桁橋	30 〜 250
	ラーメン橋	30 〜 100
	単純トラス橋	40 〜 150
	連続トラス橋	50 〜 500
	アーチ橋	40 〜 300
	ランガー桁橋	40 〜 150
	ローゼ桁橋	60 〜 200
	ニールセンローゼ桁橋	80 〜 200
	斜張橋	80 〜 500
	吊橋	80 〜 2 000
コンクリート橋	RC 中空床版橋	10 〜 20
	PC プレテン桁橋	10 〜 25
	PC 中空床版橋	15 〜 35
	PC 単純 T 桁橋	20 〜 50
	PC 支保工式連続箱桁	30 〜 60
	PC 片持ち式連続箱桁	60 〜 250
	π 形ラーメン橋	30 〜 100
	アーチ系橋梁	40 〜 250
	斜張橋	80 〜 250

表2.4 橋の系統的分類（関西道路研究会橋梁景観研究小委員会「橋梁アーキテクチュアの研究」より[24]）

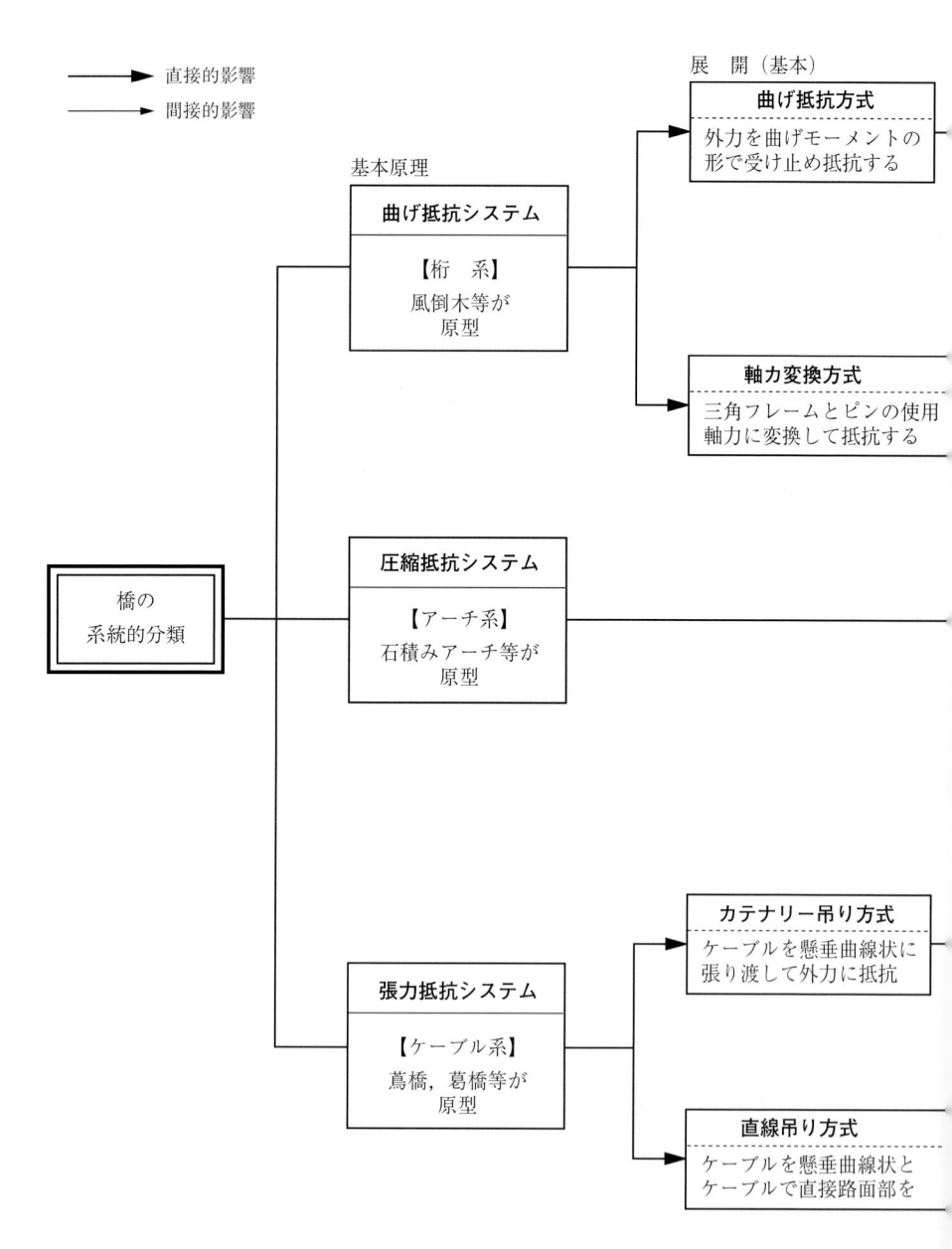

```
──▶ 直接的影響
──▶ 間接的影響
```

                                基本原理   展 開（基本）

                          ┌──────────────────┐   ┌──────────────────────┐
                          │ 曲げ抵抗システム │────────▶│   曲げ抵抗方式   │
                          │   │   │ 外力を曲げモーメントの │
                          │   【桁 系】   │   │ 形で受け止め抵抗する   │
                          │   風倒木等が   │   └──────────────────────┘
                          │   原型   │   ┌──────────────────────┐
                          └──────────────────┘────────▶│   軸力変換方式   │
                                                       │ 三角フレームとピンの使用 │
                                                       │ 軸力に変換して抵抗する   │
                                                       └──────────────────────┘

    ┌──────────┐   ┌──────────────────┐
    │ 橋の   │────────│ 圧縮抵抗システム │
    │系統的分類 │   │   │
    └──────────┘   │   【アーチ系】   │
                         │ 石積みアーチ等が │
                         │   原型   │
                         └──────────────────┘

                         ┌──────────────────┐   ┌──────────────────────┐
                         │ 張力抵抗システム │────────▶│   カテナリー吊り方式   │
                         │   │   │ ケーブルを懸垂曲線状に │
                         │   【ケーブル系】 │   │ 張り渡して外力に抵抗   │
                         │ 蔦橋，葛橋等が   │   └──────────────────────┘
                         │   原型   │   ┌──────────────────────┐
                         └──────────────────┘────────▶│   直線吊り方式   │
                                                       │ ケーブルを懸垂曲線状と │
                                                       │ ケーブルで直接路面部を │
                                                       └──────────────────────┘

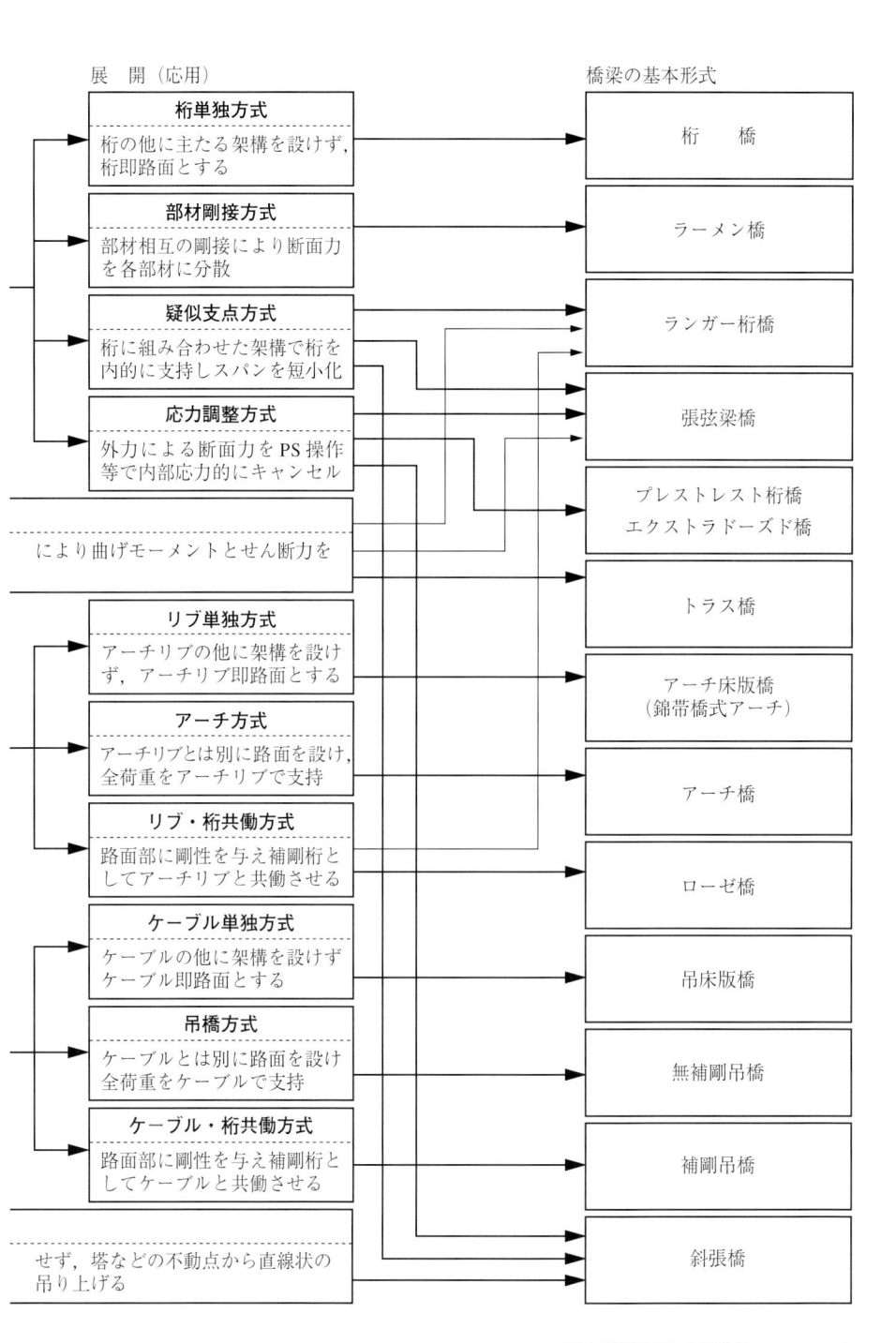

展開（応用）		橋梁の基本形式
桁単独方式	桁の他に主たる架構を設けず，桁即路面とする	桁橋
部材剛接方式	部材相互の剛接により断面力を各部材に分散	ラーメン橋
疑似支点方式	桁に組み合わせた架構で桁を内的に支持しスパンを短小化	ランガー桁橋
応力調整方式	外力による断面力をPS操作等で内部応力的にキャンセル	張弦梁橋
	により曲げモーメントとせん断力を	プレストレスト桁橋 エクストラドーズド橋
		トラス橋
リブ単独方式	アーチリブの他に架構を設けず，アーチリブ即路面とする	アーチ床版橋（錦帯橋式アーチ）
アーチ方式	アーチリブとは別に路面を設け，全荷重をアーチリブで支持	アーチ橋
リブ・桁共働方式	路面部に剛性を与え補剛桁としてアーチリブと共働させる	ローゼ橋
ケーブル単独方式	ケーブルの他に架構を設けずケーブル即路面とする	吊床版橋
吊橋方式	ケーブルとは別に路面を設け全荷重をケーブルで支持	無補剛吊橋
ケーブル・桁共働方式	路面部に剛性を与え補剛桁としてケーブルと共働させる	補剛吊橋
	せず，塔などの不動点から直線状の吊り上げる	斜張橋

2.5 橋の構造形式とその特徴

(2) 橋の形式と特性

a. 桁橋

桁橋は橋の原点といえる形式で，立地条件・材料条件・幾何条件等の状況に応じ，多種多様の形をとって応じることのできる自由度の高い橋梁形式です．たとえば，支持条件によって単純桁・連続桁・片持ち桁等，路面の位置によって上路桁・中路桁・下路桁等，桁高の変化の有無によって等断面桁・変断面桁等，そして構成材料または抵抗システムによって木桁橋・RC桁橋・PC桁橋・鋼桁橋・各種合成桁橋・エクストラドーズド橋・張弦梁などの形態をとることができます．これらのうち特に注目すべき点について略述します．

■ 単純桁・片持ち桁・連続桁

表2.5に，単純桁，片持ち桁，および両端固定桁(全面等分布荷重下においては無限連続桁と同じ)の力学諸量の一例を示します．これら3形式の最大たわみの比は1：0.6：0.2，最大曲げモーメントの比は1：1：0.7，そして曲げモーメント図の絶対値面積(桁構成材料の量を示唆する)の比は1：0.5：0.4となり，両端固定桁または連続桁の有利性を定量的に表しています．

表2.5 支持形式による力学諸量の比較

力学諸量＼構造形式	単純桁	片持ち桁	両端固定桁
最大曲げモーメント	$M=wl^2/8$ (1.00)	$M=-wl^2/8$ (対単純桁比 1.00)	$M=-wl^2/12$ (対単純桁比 0.67)
最大たわみ	$\delta=5wl^4/384EI$ (1.00)	$\delta=3wl^4/384EI$ (対単純桁比 0.60)	$\delta=wl^4/384EI$ (対単純桁比 0.20)
曲げモーメント図絶対値面積	$A=wl^3/12$ (1.00)	$A=wl^3/24$ (対単純桁比 0.50)	$A=wl^3/31$ (対単純桁比 0.38)

構造計画の実務においてはとかく単純桁を基本に考え，できるだけ構造を簡単にしようという傾向があるようですが，少々面倒でも連続桁を基本形とし，特殊な場合に限って単純桁を採用するという姿勢に改めるべきです．

さらに，桁自重等による曲げモーメント発生位置の関係から，次のような構造特性を見出すことができます(図2.23)．

① 単純桁においてはスパン中央に最大曲げモーメントが生じ，その部分の断面

図2.23 支持形式による構造特性の違い

- (a) 単純桁：この部分の自重増は最大効率で曲げを増加させ，悪循環に陥る
- (b) 片持ち桁：この部分の自重増はわずかしか曲げモーメントを増加させない
- (c) 両端固定桁：曲げモーメントが分散され(a), (b)の中間的性状を示す

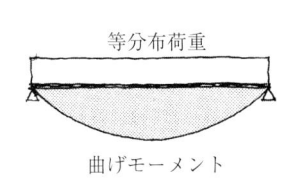

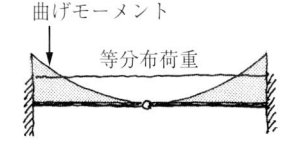

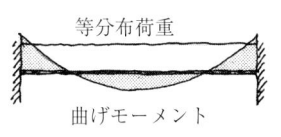

を大きくして抵抗しようとするとその自重増分が最大効率をもってさらに断面力を増加させるという，いたちごっこの宿命を担っている．

② 片持ち桁は，常に端部固定点に最大曲げモーメントが生じるため，その部分の自重増分による曲げモーメント増加が最も小さく，大スパンに効率のよい形式である．

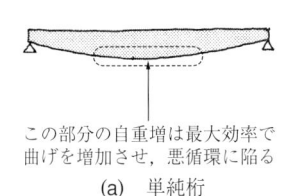

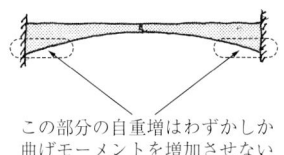

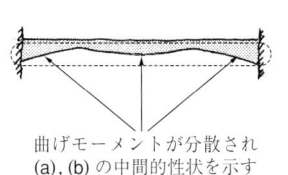

③ 連続桁は支点上やスパン中央などに分散して曲げモーメントが生じ，両者の中間的特性をもつ．

この特性は重要で，桁自重が断面決定に大きな比率を占める大スパンの場合，断面のサイズアップで抵抗すべきか，材質アップまたはシステムアップで抵抗すべきかを判断する一つの根拠になります．普通，単純桁は等断面桁，片持ち桁は先細りの変断面桁，そして連続桁は両者の混用で構成されるのは以上の理由によります．なかでも片持ち桁は，断面サイズアップによる曲げモーメント増加が最も少なく，コンクリート系大スパン構造に適しているといえます．また，先細りの形態は見るからにダイナミックで，支持点がただ1か所しかないという後のない「怖さ」と併せて，緊張に満ちた魅力的な形式です．積極的な活用が望まれます．

■ 等断面桁と変断面桁

桁高一定の等断面桁の外観は表情と個性に乏しく，扱いようによって機械的で近代的な感じにも，素朴で清楚な感じにもすることができます．概して地味であり，

2.5 橋の構造形式とその特徴

したがって輻輳する都市高架道路などに適しています．

　これに対して，減り張りある変断面桁は人目を引き，単独橋に用いて味わいある豊かな表情を与えることができます（図2.24）．ただし，道路にきつい縦断曲線や平面曲線がついているときは注意が必要で，桁高変化の曲線と相まって思わぬ不安定曲線が出現することがあります．

(a) 等断面桁の例　　　　　　(b) 変断面桁の例

図 2.24　等断面桁と変断面桁の外観

　また，変断面桁ならではの構造特性として「不静定構造における効果的な力のコントロール」をあげることができます．不静定構造においては等断面桁であっても剛性に応じて断面力が配分されますが，変断面桁の場合は特に剛性の強弱がつけやすく，剛性と材料の巧妙な配分によって断面力をコントロールし，望む形態をつくり出すことは構造設計の一つの妙味といえます．

　図 2.25 に，剛性の変化による曲げモーメント配分の違いを例示します．

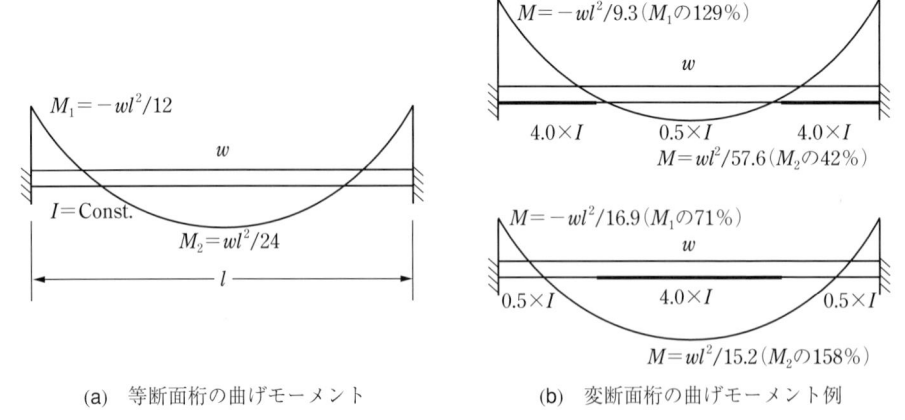

$M_1 = -wl^2/12$
w
$I = \text{Const.}$
$M_2 = wl^2/24$
l

$M = -wl^2/9.3 \, (M_1 の 129\%)$
w
$4.0 \times I$　　$0.5 \times I$　　$4.0 \times I$
$M = wl^2/57.6 \, (M_2 の 42\%)$

$M = -wl^2/16.9 \, (M_1 の 71\%)$
w
$0.5 \times I$　　$4.0 \times I$　　$0.5 \times I$
$M = wl^2/15.2 \, (M_2 の 158\%)$

(a) 等断面桁の曲げモーメント　　　(b) 変断面桁の曲げモーメント例

図 2.25　等断面桁と変断面桁の断面力

■ エクストラドーズド橋と張弦梁

エクストラドーズド橋(図2.26)は比較的新しい形式で，まだ定まった日本語訳もなく，大偏心アウトケーブルPC橋などと呼ばれています．構造原理はPC連続桁橋またはPCラーメン橋において，従来コンクリート桁の腹板に埋め込まれていた緊張ケーブルを部材外部に配置することによって，自重の軽減や維持管理上の利点を得ようとするアウトケーブル方式を発展させた形式といえます．連続桁等の中間支点上において，主桁上部に配置したケーブルを支持するデビエーターと呼ばれる搭状構造物を設けるため，外観は斜張橋に酷似します．しかし，斜張橋がその一端を不動点付近に定着した斜材ケーブルによってほとんどの鉛直荷重を支持するケーブルシステムであるのに対し，この形式はケーブルを鉛直荷重を吊り上げる部材としてではなく，主桁に必要な偏心モーメントを与えるための緊張材と位置づけるビームシステムです．したがって，斜張橋と違って多径間連続化が無理なく可能で，原理的には鋼構造にあっても成立します．適用スパンと桁高は通常の桁橋と斜張橋の中間に位置します．

(a) 通常のPC桁

(b) エクストラドーズド橋

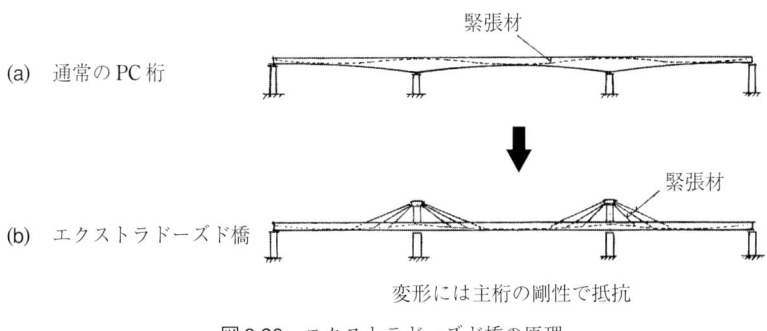

変形には主桁の剛性で抵抗

図2.26　エクストラドーズド橋の原理

張弦梁(図2.27)は上記の形式よりさらにケーブルシステムに近い形式ですが，いずれもケーブルに期待する主たる作用が剛性向上よりは桁の応力改善にあると見て，桁橋の一種としました．連続桁の中間支点付近の応力改善を主目的にしたものをエクストラドーズド

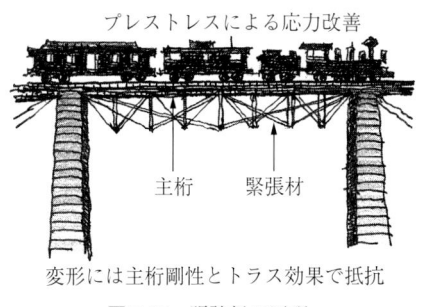

プレストレスによる応力改善

変形には主桁剛性とトラス効果で抵抗

図2.27　張弦梁の原理

橋，径間部の応力改善を主目的にしたものを張弦梁と考えることができます．

　形態的には張弦梁のほうが自由度が高く，緊張感あふれる軽快なデザインが得やすいのに対し，エクストラドーズド橋はどうしても斜張橋と対比されるためか中途半端で鈍重な印象を免れえず，目を見張るような例はあまりありません．

　b.　ラーメン橋

　ここでは，主桁と橋脚を剛結することにより，複数部材の共同作用で外力に抵抗させようとする不静定構造物をラーメン橋と称します．例外的に，主桁と橋脚を一体化せず主桁そのものを剛節トラス状のラーメンとするフィーレンデール橋を含め，形状の種類を図 2.28 に例示します．ラーメンの構造特性は部材相互の共同作用にあり，そのために力のやりとりが行われる部材結合部（隅角部）の構造が最も重要で，隅角パネルの強度と変形能が構造全体の終局耐荷力を決定するとさえいえます．隅角部は応力集中や乱れの生じやすい部位でもあり，これらに対する過不足ない強度とともに部材相互の回転変形を強く拘束しない構造が望まれます．したがって，隅角部に大きなハンチを設けていたずらに堅く固めるより，十分な角変形性能をもつ

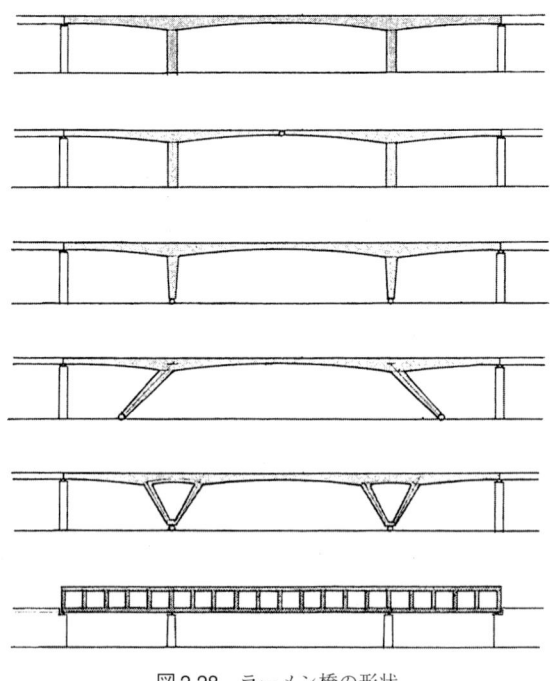

図 2.28　ラーメン橋の形状

粘り強い隅角を設計することが肝要です．外力が小さいうちは剛な構造として抵抗するものの，外力の増大とともに隅角仕口の滑り変形によって長周期化し，外力を受け流すことによって倒壊を免れる寺院木造建築のような構造はラーメンの一つの理想形といえます．また，部材の剛性調整による断面力のコントロールが可能な点は桁橋以上です．ラーメンの形態的特徴は上下部工が一体化するところにあり，桁橋のそれが支承の存在によって上部工と下部工が切り離され，主桁が宙に浮いたような独特の軽快さと端正さをもつのとは異なります．全部材が共働するため桁橋よりややスレンダーで，全体が一体となった躍動感ある形態が得られますが，反面，側面に立体的変化のないのっぺりした印象に陥りがちです．

c. トラス橋

トラスはもともと木構造から発展してきた構造で，格点は事実上のピン結合でした．近代鋼製トラスにおいても解析の容易さから格点をピンと仮定する方法がとられ，初期の頃は実際にピンが挿入されていました．しかし，ピントラスは工作上の不便さや振動しやすいこと，さらに細長比と格点構造に注意すれば剛結による二次応力は無視できることが証明され，現在ではガセットプレートと高力ボルトによる剛結方式が一般的となっています．

■ **構造特性等**

トラスの主構高さは単純支持の場合スパンの 1/6 〜 1/8 程度，連続トラスの場合 1/8 〜 1/10 程度が標準で，部材の断面寸法と部材長の比は 1/10 以下にするのがよく，1/10 を超えると二次応力の影響を無視できなくなります．

トラスは腹材の組み方によってさまざまな形態をたどりながら発展してきましたが，現在でも比較的よく見られる形式を図 2.29 に示します．これらの形式はスパン→主構高さ→格間長という関係で，格間長や部材長を一定値以下にするために考えられたといってもよく，スパンと密接な関係にあります．最近では，パイプ三弦合成トラスやダブルワーレン合成トラスなども採用されつつあります．トラスは力学的に簡明で剛性にも富み，個々の部材寸法が小さく架設が容易で，しかも経済的であることから，橋梁の主部材としてばかりでなく，各種橋梁の部分部材としても多用されています．

■ **形態的特徴**

形自体はごく機械的ですが，昔懐かしい鉄橋の想い出と重なり，詩的な気分をもつのがトラス橋ではないでしょうか．形態としての特徴は優れた透過性と幾何学性にあり，明快な構造特性・経済性と相まって利用価値の高い形式です．さらなる注

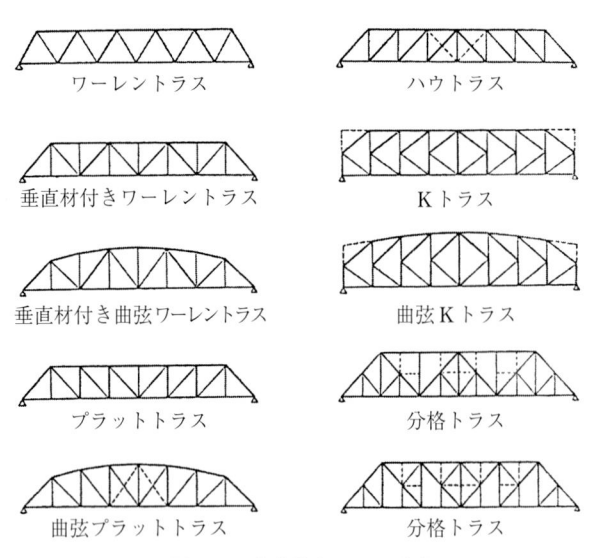

図2.29 代表的なトラス形式

（ワーレントラス、ハウトラス、垂直材付きワーレントラス、Kトラス、垂直材付き曲弦ワーレントラス、曲弦Kトラス、プラットトラス、分格トラス、曲弦プラットトラス、分格トラス）

目と活用が望まれます．

d. アーチ系橋

アーチ橋の起源は桁橋に次いで古く，紀元前4000年頃のメソポタミア地方に始まり，ローマ人によって発展し，産業革命期のイギリスにおいて鋳鉄を用いて架けられたアイアンブリッジが近代アーチの始まりとなりました．

アーチは圧縮抵抗系の構造システムですが，その力学的特徴は張力抵抗系システムの符号を変えたものと考えることもでき，全面等分布荷重に対して軸圧縮力のみで抵抗するのを理想とします．しかし，吊材のケーブルと違ってアーチリブには曲げ剛性があり，またアーチ軸線を移動荷重下における圧縮線に一致させることが不可能なため，軸圧縮力のほかに曲げモーメントが発生する点で張力抵抗系とは異なります．ただし，ランガー桁は例外で，格点間のリブを直線状に，格点をピンとしアーチリブには軸圧縮力しか作用しないのが特徴です．ランガー桁は元来桁橋を山形のトラス状に補強した形態から発展したもので，桁橋の一種ですが，形状の類似からアーチ系として説明します．上路式および下路式アーチ系橋の主な種類を図2.30に示します．これらのほかに，中路式，2本のリブを抱き合わせたバスケットハンドル形やリブが1本しかないモノアーチ等もありますが，原理的には同じです．

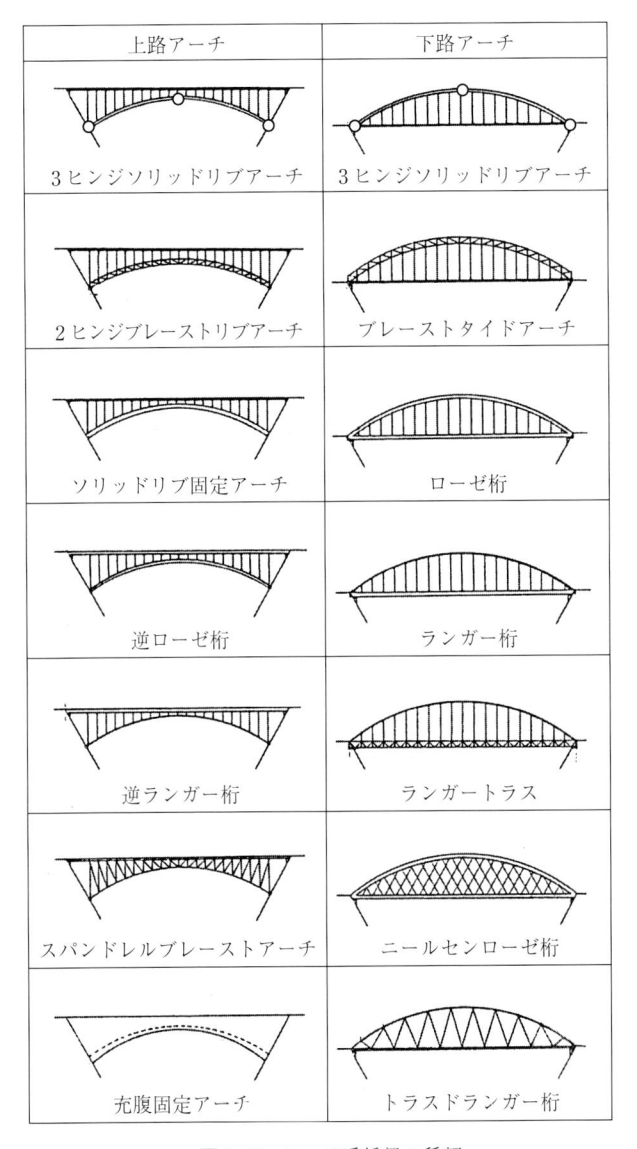

上路アーチ	下路アーチ
3ヒンジソリッドリブアーチ	3ヒンジソリッドリブアーチ
2ヒンジブレーストリブアーチ	ブレーストタイドアーチ
ソリッドリブ固定アーチ	ローゼ桁
逆ローゼ桁	ランガー桁
逆ランガー桁	ランガートラス
スパンドレルブレーストアーチ	ニールセンローゼ桁
充腹固定アーチ	トラスドランガー桁

図2.30 アーチ系橋梁の種類

2.5 橋の構造形式とその特徴

■ 力学的分類

アーチ系橋梁は，アーチリブと補剛桁の荷重分担の程度によって，アーチ橋，ローゼ橋，ランガー橋の3種類に大分類できます．

水平部材を補剛桁とせず単なる床組もしくはタイとして扱い，主構作用をアーチリブのみに期待する形式をアーチ橋といい，古くはほとんどがこの形式です．水平材を補剛桁として主構作用をも担わす形式をローゼ橋といい，現在架けられるアーチはほとんどがこのタイプです．解析手法が進み，忠実なモデル化が可能になったことが影響しています．アーチリブの形状を多角形とし格点をピンとして桁橋を補剛するものをランガー橋といい，アーチリブには軸圧縮力のみが作用し多くの荷重を補剛桁が分担します．非常に華奢で軽快な外観が得られますが，剛性においてやや劣ります．

■ 構造特性

アーチ系橋梁は，全面的な等分布荷重に対しては高い剛性を発揮し，非対称な部分荷重に対しては変位しやすいのが特徴です．死荷重の比率が高い，比較的大きなスパンに適しているのはこのためです．この特性は解析方法にも影響し，『道路橋示方書』では微小変形理論によってよい限界を剛性とスパン・ライズ比の関数で規定しています．

また，アーチ系橋梁の吊材や支材は極端に細長く，風による振動被害を避けるために共振風速を常時風速からずらす工夫とともに，疲労を考慮したディテール設計が必要になることが多いのも注意すべき点です．

■ スパン・ライズ比

アーチリブ軸線形状は多く放物線，円弧が用いられ，稀には複合円弧，楕円などが用いられます．スパン・ライズ比は構造的に重要な量で，ライズが大きいと水平変位による付加応力が大きく，小さくすると鉛直変位による付加応力が大きくなる傾向にあります．一般にスパンの $1/5 \sim 1/10$ の範囲が採用され，$1/6 \sim 1/8$ が合理的かつ経済的とされます．

■ 形態的特徴

アーチの柔らかい曲線は遺伝子的に人間に安心感を与えるのか，人々に最も好まれる橋梁形式の一つです．スパン・ライズ比や材料・形態の違いにより，牧歌的，優美，躍動，緊張などさまざまな印象を得ることができますし，中路式アーチや上路式アーチの全体形が醸し出すバランスの妙には，他の形式では得られないものがあります．

e. 吊橋

吊橋は原始より用いられた形式で，両岸に張り渡した蔦に歩きやすくするために床を吊り下げたものから始まったと考えられます．

近代吊橋は多くの橋梁形式のなかで最大スパンが得られる形式で，その構造要素は荷重を直接受け分散を図る補剛桁，補剛桁を吊り上げるハンガーケーブル，ハンガーを経て全荷重を担うメインケーブル，それを支える塔，メインケーブルの引張力を地盤面に伝えるアンカーレッジ等であり，現在の技術で3 000 m程度のスパンまで可能とされています(図2.31)．

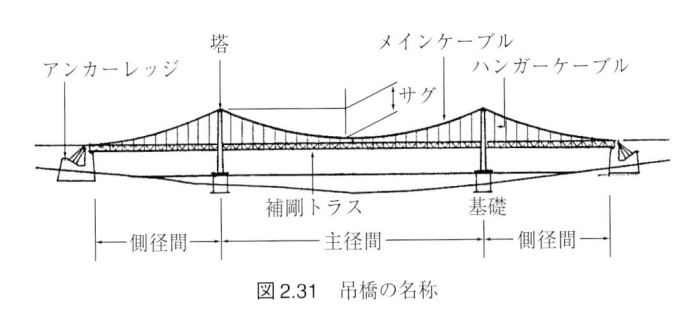

図2.31 吊橋の名称

■ 構造特性

吊橋は他の形式に比べて非常に柔軟で変形が大きいのが特徴で，特に長大スパンになると活荷重や温度変化による変形は相当大きくなり，骨組みの有限変形理論による変形法を用いて解析する必要があります．また，吊形式という構造から耐風安定性の検討が不可欠で，台風時の静的横荷重だけでなく常時風速における空気動力学的安定性が問題になることが多く，風洞実験による検討が行われます．

■ プロポーション

側径間が小さいと，死荷重と活荷重のアンバランスから不経済となる傾向があり，側径間の主径間に対する比は0.3〜0.5程度にとられるのが合理的とされます．ケーブルのサグは小さくするほど剛性が大きくなりますが，不経済になる傾向にあり，実際上は塔の高さ，水平反力，ハンガーバンドの滑り抵抗等を考慮して，スパンの1/9〜1/12程度にするのが普通です．

■ 形態的特徴

吊橋の形のうえでの特徴はケーブルと塔にあります．重力に従った雄大なケーブル曲線と鋭く屹立する塔の対比は，ゆるく弧を描いて水平に伸びる補剛桁を加えて，

力の流れをそのまま形にしたような整った美しさをもっています．吊橋の基本形態は，一種の様式美にまで昇華しているといえます．

   f.　斜張橋

斜張橋においても，図2.32に示すように，エクストラドーズド橋同様にケーブルにプレストレスを導入して主桁の応力改善を行います．この意味においては曲げ抵抗系のアウトケーブル桁と似たところもありますが，ケーブルの主たる作用が主桁の吊上げ効果にある張力抵抗系の構造形式です．ケーブルが直線状で，塔頂がバックステイケーブルによって不動点付近に連結されるか，もしくは塔自身の大きな剛性によって堅固に位置保持されるためシステムとしての剛性が高く，吊橋のように曲げ剛性の大きい補剛桁を必要としません．現在890 mが最大スパンで，1 000 mを超えるのも遠いことではないでしょう．

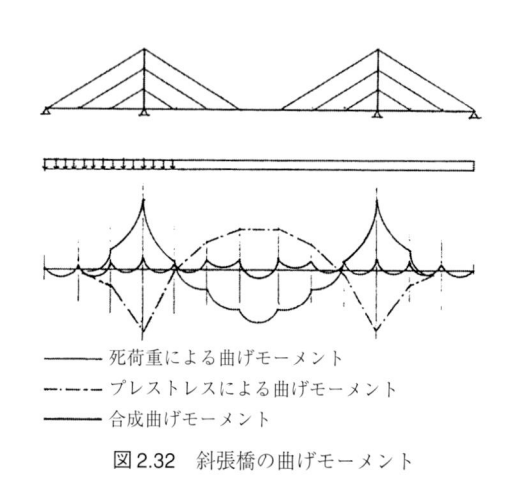

　　　　　　―――　死荷重による曲げモーメント
　　　　　　-・-・-　プレストレスによる曲げモーメント
　　　　　　―――　合成曲げモーメント

図2.32　斜張橋の曲げモーメント

■ 構造特性

近代斜張橋の歴史は50年に満たないにもかかわらず近年かくも多用されているのは，次のような優れた特性をもつからです．

　① 有利性を失わないスパンの適用幅が広く，桁橋の領域から吊橋の領域にまで及ぶ．

　② スレンダーな主桁でありながら，ケーブルシステムとしての鉛直下向き荷重に対する剛性が吊橋より大きい．

　③ ケーブルにプレストレスを与えることにより応力調整が可能で，スレンダーな外観をもち，かつ経済的な設計ができる．

④ 本設ケーブルを利用する張出し架設が可能である．

一方，次のような注意すべき特性もあり，設計・施工にあたっては慎重な取扱いが必要です．

① 上揚力に対する剛性が小さく慎重な耐風・耐震検討を必要とする．
② ケーブルのサグによる非線形的影響を考慮する必要がある．
③ ケーブルの応力変動が大きく疲労に対する配慮が必要である．
④ 架設にあたりケーブル張力や各部変形など厳密な管理を必要とする．

■ 斜張橋の種類

斜張橋をケーブルの張り方で分類するなら，横断面において一平面のみにケーブルを張る一面吊り，橋の両サイドに張る二面吊り，稀には三面吊りや四面吊りなどがあります．側面におけるケーブルの張り方でいうなら，放射形式，ファン形式，ハープ形式などがあり，各々にケーブル段数の多いマルチケーブル形式と段数の少ない形式とがあります．また，橋の構成材料で分類するなら，鋼斜張橋，コンクリート斜張橋，複合斜張橋などがあります（図 2.33）．

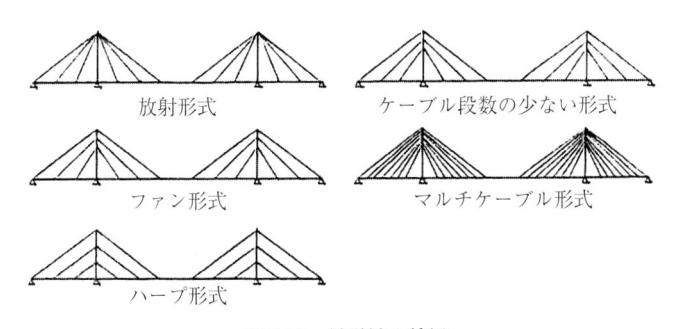

図 2.33 斜張橋の種類

■ 多径間連続化

斜張橋を 4 径間以上の連続構造にすると不動点に支持されない塔が生じ，橋の剛性が著しく低下します．いまのところ，ケーブルの張り方を工夫する方法，塔の剛性で解決する方法，主桁の剛性を上げる方法などが考えられていますが，斜張橋の抱える重大で楽しみな課題の一つです（図 2.34，2.35）．

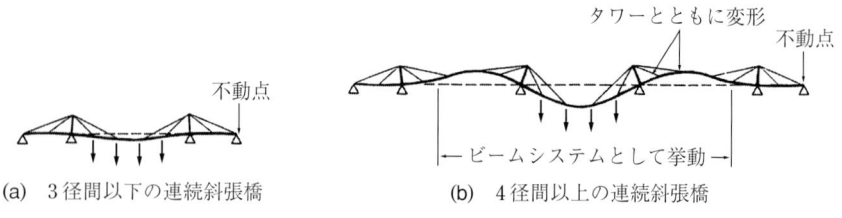

(a) 3径間以下の連続斜張橋　　(b) 4径間以上の連続斜張橋

図2.34　多径間連続による剛性低下

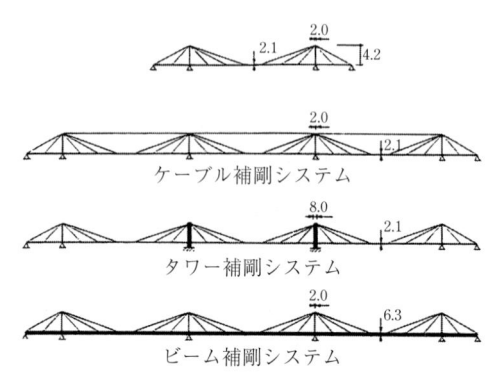

ケーブル補剛システム

タワー補剛システム

ビーム補剛システム

図2.35　多径間連続化の解決策

■ 形態的特徴

　この形式は，緊張感あふれる構造特性が洗練された近代性を表しているところに形態上の良さがあり，すべての部材を直線で鋭く構成するのが基本です．力の原則に従わない曲線部材など用いると，構造上の利点も形の良さも共に失う結果を招きます．形態上の要注意点は一面吊りにおける塔やA形タワーの場合で，路面中央に直立一本柱を立てられない場合の造形方法が最重要課題です．これについては，第3章 3.5(2)e. 中の「(6)形のもつ品格」で述べます．

　g.　吊床版橋

　吊床版橋の起源は吊橋と同じで大変古いものですが，近代吊床版橋着想の嚆矢は約40年前に提案されたボスポラス海峡横断計画案とされています．実現はしませんでしたが，コンクリート床版に多数のPC鋼棒を埋め込み，約8万トンもの引張力を与えて緊張するというものでした(図2.36)．

　近代吊床版橋の特徴はこの大きな引張力にあり，高張力鋼などの高強度材を用いて強大な張力を導入し，これによって構造上の安定と剛性を得ようとするものです．

図 2.36　ボスポラス海峡横断橋案

■ 構造原理と構造概要

　この形式の構造原理は，図 2.37 に示すように，張り渡したケーブルに大きな張力をかけることによって必要な剛性と鉛直耐荷力を確保し，しかもそのケーブル面を直接橋面として利用するもので，張力抵抗系システムの究極の形式ということができます．材料の強度を純粋な形で最大限に利用できる点から長大スパンに適した形式ですが，引張材両端の強固なアンカー，垂れ下がる縦断線形，床版構築方法，振動特性，耐風安定性等々，いくつかの問題を解決する必要があります．わが国においてはすでに 20 橋以上が架けられていますが，現在のところ床版形式はプレキャスト RC 床版が主流で，主材である一次ケーブル緊張後，このケーブルにあずける形でプレキャスト版を設置した後，版に設けられた孔に二次ケーブルを通し，橋軸方向にプレストレスを導入するのが一般的です．サグはスパンの 1/30 〜 1/40 程度が標準的で，引張材として鋼材に替えてアラミド繊維などを用いることも試みられています．

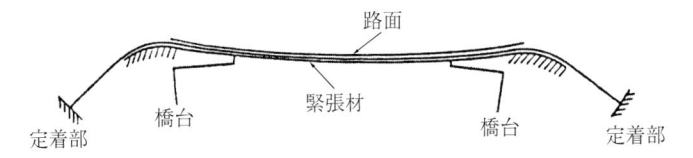

図 2.37　吊床版橋の構造原理

■ 形態的特徴

　吊床版橋の構造体はただ 1 枚のリボンのような床版に尽き，渡るのも怖いような緊張感が特徴です．サグはできるだけ小さく，床版できるだけ薄く，そして透過性の高い高欄，これがデザインのポイントです．

h. 石橋

　石材はコンクリートや鋼に比べて耐久性に優れた材料ですが，材料の寸法に制限があるため構造系の構成法に問題があります．わが国の石橋技術は中国から伝えられ，九州地方を中心に古くから多くの石橋が架けられていますが，それらの積上げ工法(たとえば図2.38)には形態的な限界があり，河積阻害率等の理由で一般的な実用性を失いました．

　最近注目すべきは図2.39に示すハイブリッド石橋で，石と鋼材などを組み合わせて石材の機械的特徴を利用しようというものです．幅の広い着想が新しい構造とデザインを生み出す好例といえます．

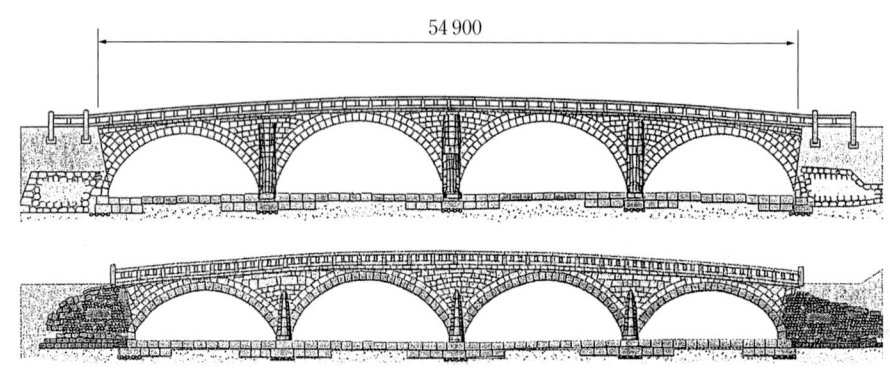

図2.38　従来の石橋

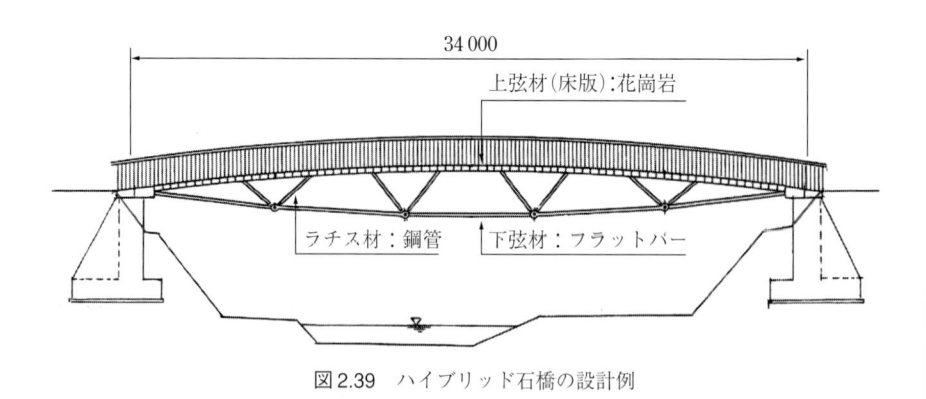

図2.39　ハイブリッド石橋の設計例

i. 木　橋

■ 日本は木の国

　わが国の森林面積は国土全面積の67％に達し，世界有数の森林国であるとされています．近代における国産材利用率こそ低いものの，わが国が古くから木の国といわれ，木と紙の文化を発達させてきた背景を示しています．

　しかし，木橋は明治以降の近代化とともに鉄とコンクリートに置き換えられ続け，1950年代をもってほとんど消滅し，伝統的な木橋技術もほぼ絶えてしまいました．わずかに錦帯橋や伊勢宇治橋など，特別な例に往時の事情をとどめるにすぎません．

　ところが，地球的規模での環境破壊進行という背景のもと，十数年ほど前から木材の環境保全における役割と優しい質感が再評価され，再び木を用いる気運が高まってきました．特に木橋の復興は盛んで，ここ十数年の間に，林道橋や公園内の橋を中心に約700もの近代木橋が架けられました．木橋は決して橋梁の主流ではありませんが，今後の需要はさらに増える傾向にあります．木の国の特性を生かし，かつ新しい工夫を加えて取り組むべきです．

■ 木材の特性

木材の主な特性を，森林の効果もあわせて列挙すると次のようです．

① 森林は空気中の炭酸ガスを吸収し，木質材料の製造にあたっても発生炭酸ガスや消費エネルギーが極端に少なく，地球温暖化防止に寄与する優れたエコロジー材料である．
② 森林は洪水や土砂崩壊の防止・水資源の供給等，地域的公益機能をもつ．
③ 伐採利用と植林を繰り返すことにより，資源として枯渇することなく50～60年の周期で循環する．
④ 材料として柔らかさ・温かみなど，天然材料独特の質感をもっている．
⑤ 製材だけでなく集成材・LVL・チップボード・ファイバーボード等，多様な形態と均質性をとりうる半工業材料である．
⑥ 比強度(強度/比重)が鋼やコンクリートより格段に大きい．
⑦ 割れ・反り・ねじれなど変形しやすく，耐磨耗性にも劣る．
⑧ 腐朽・虫害など，耐久性に問題がある．
⑨ 燃える材料である．
⑩ 鋼構造やコンクリート構造に比べて価格が高い．

欠点としてあげられる⑦～⑩の項目に対してさまざまな研究が行われていますが，木の本質的特性であるだけに完全には解決されていません．

■ わが国近代木橋の現状と今後

わが国木橋界は，現時点で次のような問題を抱えています．
① 公的な木橋設計基準が未だ整備されていない(2001年現在)．
② 十数年分の経験しかないため維持管理や耐久性に関する実証的な蓄積がなく，それらに対する決定的な方法論も確立されていない．
③ 建設費や維持管理などの現実的要求を満足するに至っておらず，木橋採用を躊躇させる一因となっている．
④ 用材の国産自給率は20％程度にすぎず，多くを輸入材に頼っている．

この④の項目が最大の問題で，産地が急峻な山地のため伐採・搬出に費用がかさむことなどが原因ですが，木の国といいながら残念なことです．資源の循環という観点からも，地元材，少なくとも国産材を多用することがわが国木橋の立脚点です．

今後は，木橋ならではの新たな価値評価を公式化することによって，部材更新，架替えを前提とした事業計画を可能ならしめ，技術的にはハイブリッド構造や防朽処理等の研究・開発を進めて，国産材を活用することが重要だと考えられます．木橋設計例を図2.40に示します．

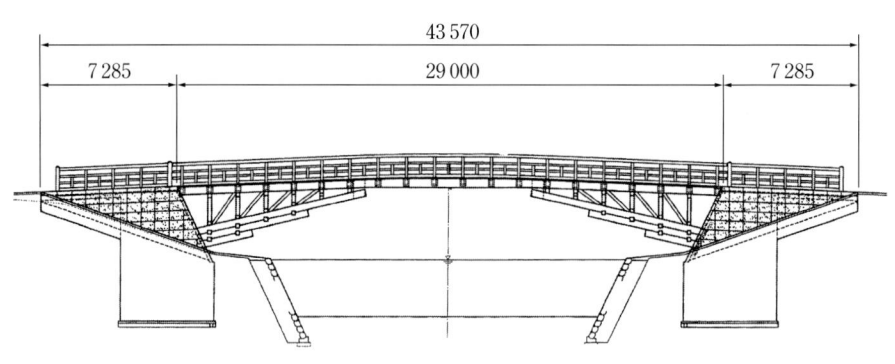

図2.40 木橋設計例

j. 鋼橋とコンクリート橋
■ 構造特性と形態
　鋼構造とコンクリート構造では材料の物理的性質や部材構成方法の違いにより，特に部材結合部において異なる構造形態をとります．鋼構造物の多くは薄い鋼板で構成されるため，力は集中的に板の中を流れ，部材結合部分においても板から板へと伝わります．板の面外剛性が極端に小さいため，曲げた板に力が作用すれば面外方向に変形しようとし，何らかの補強を要します．したがって，部材結合部に部材としてのハンチや丸みはつけず板厚と材質でカバーし，面内形状のみを滑らかな形状にするのが素直な形です．このような形態により部材結合部において大きな角変形能が保証され，粘り強い鋼の特徴が発揮されます．一般に骨格的でシャープな外観を呈します．

　コンクリート構造物は一般に中実部材によって構成され，力は中実部全体を流れます．したがって，部材結合部において力の乱れを整理することが難しく，部材そのものにハンチや丸みをつけて補強するのが自然です．多く肉質的で豊かな外観を呈します．このような結合部では強度と角度保持性が保証され，剛性高いコンクリートの特徴が発揮されます．

　上記はあくまで一般論で，これとは異なることも可能ですが，形態上の基本事項として配慮のうえ材料選定することも必要です．両者を植物にたとえるなら，鋼構造物は竹に，コンクリート構造物は樹木に似ているといえます．

■ 維持管理上の特性
　鋼構造の維持管理上の欠点として錆びることがあげられ，定期的な塗装に要する手間と費用がマイナスとして評価されています．

　一方，コンクリート構造は基本的に維持管理不要とされ，維持管理性についてはコンクリートのほうが優れていると判断されるのが普通です．

　しかし，地震や事故などで構造物が不測のダメージを受けた場合，鋼構造なら現場での補修工事が比較的容易にできますが，コンクリートにいったんクラックや破損が生じた場合の始末の悪さは周知のとおりです．さらに，構造物表面の清浄さの保持という点に関しても，塗替え自由な鋼に軍配があがります．

　コンクリートでも実際は維持管理は不可欠で，数値化できない諸点の評価を積み残したままコンクリートが優れていると判断しているにすぎません．以上の理由から，ペンキさえ塗り替えていれば，まずは安心できる鋼のほうがはるかに維持管理性に優れているというのが一般論としての筆者の判断です．

2.6　設計の態度と考え方

(1)　計画における発想法

　公共土木施設はそれだけが単独に存在するものではなく，必ず人間社会と深いかかわりをもちます．したがって，その計画・設計において次の二つの発想が必要になります．特に設計組織内においては計画と設計とをそれぞれ別のグループが行い，先行する計画グループの不備を設計グループが一手に負うことになりがちなので注意が必要です．

　　a.　社会的コンセプトに基づく伸びやかな発想

　上からの発想，と呼び変えてもいいでしょう．整備しようとしているものは社会的にどんな意味があり都市計画上のどのように位置づけられているのか，人々が望んでいるものは何なのか，また予算的にはどう扱われるのか，等の観点から，計画とデザインの大きな方向性と，計画に盛り込まなければならない事項を読み取ります．橋の計画であれば，いきなり橋だけの世界に飛び込まず，その地域の計画や上位計画において橋はどう位置づけられ，どういう橋が望ましいとされているのか，それを読み取らなくてはなりません．そのうえで現場にも何度か足を運びます．

　この時点で構造的にもいかほどの手応えのあるプロジェクトなのか判断し，それなりの準備をすることができますし，計画上の無理や問題点をピックアップすることもできます．

　この行程を経ずにいきなりコンピューター密着型の構造計算屋になってしまうと，後で根幹的な手戻りが生じることになりかねません．

　　b.　工学技術に基づく堅実な積み上げの発想

　一方では，技術に基づく下からの発想も必要です．計画段階では往々にして数値の裏づけをせずに直感で絵を描いていることが多く，上からのアプローチばかりしていると痛い目に会うことがあります．たとえば，部材の寸法はおよそどのくらいになるのか，あるいはレベルの関係や基準との整合は大丈夫か等々のチェックは，必ず行う必要があります．チェックの方法は大方の当たり計算と数値の積み上げを行えばよく，困難なことではありません．この検討によって計画上の無理や不都合を見つけ，修正を行います．ただし，構造設計の安易さを求めての計画修正は本末転倒です．この下からの堅実な積み上げによるチェックがあって初めて，最後まで破綻のない計画が得られます．

(2) 造形の態度

公共土木施設の多くは風景景観の地をなすということ，またそれらの実現には多くの制限や障害が伴うことを考えれば，次のような造形姿勢を必要とします．

a. 施設の規模と視覚的刺激の制限

一般に，施設の規模とともにその視覚的刺激の強さは大きくなりますが，デザインの工夫によってはある程度刺激の大きさをコントロールすることができます．これらが永年にわたって飽きられることなく存在し続けるためには，規模に見合った刺激の許容値を考えるとともに，規模にかかわらない絶対的な上限値を意識する必要があります．

これを数値で表すことはできませんが，この自制の設計態度がデザインの暴力を防ぎます（図 2.41）．

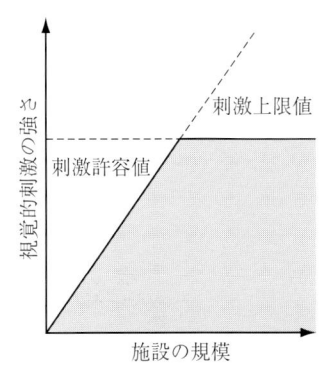

図 2.41　自制の設計態度

b. 理想解と現実解

計画において，ある命題から思考や直感によってある理想解を得ますが，その実現には多くの制限や障害が伴い，最初の理想とは異なる現実解に落ち着くのが普通です．しかし，その場合も安易にあきらめず，一歩でも理想に近づける努力が必要です．あるいは視点を変換し，それらの制限や障害を逆手にとって，当初とは異なる別解を模索することも忘れてはなりません．

この高揚の姿勢が，地でありながら見ごたえのあるデザインを生み出します（図 2.42）．ただし，検討段階にしか通用しない仮定の形や数値が，残骸として完成系にまで残らないように注意する必要があります．

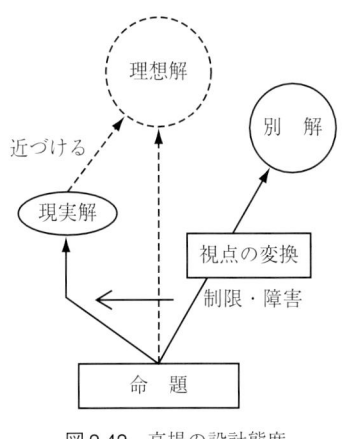

図 2.42　高揚の設計態度

(3) デザインということば,設計ということば

　そもそも設計(広義のデザイン)とは,法規制・機能性・安全性・経済性・快適性・施工性・美観景観・維持管理性などを系統的に検討して対象物の実現を企む総合的行為を指し,当然意匠・造形の検討をも含んだことばです.その総合的行為のなかでも形態の実現と安全性・施工性の証明を行う構造設計の部分は,構造力学・土質力学・材料力学・橋梁工学・耐震工学などを駆使して詳細な解析と検討を行い,さらに製図・数量計算・仕様書作成・予算書作成と,膨大な時間と高度の専門知識を要します.そのため往々にして,橋の設計とはすなわち構造設計であるという誤解を生じています.この本では便宜上狭義の意味でデザインということばを使っていますが,設計という総合行為から意匠・造形の部分をデザインということばでピックアップするのは本当は問題です.それは設計イコール構造計算という意識を助長し,いわゆるデザインは設計とは別の特殊なものとする風潮に拍車をかけるからです.そして,土木界ではこれに近いのが現状のように見えます.

　ことばの問題はともかく,デザインは設計の一環という自然な認識のもと,もっと自信をもって,ただし謙虚な態度で取り組むべきです.そのために土木技術者は,いわゆる計算屋や製図屋から設計者への意識改革を図るとともに相応の修練を積み,少なくとも通常の土木施設は自らの手でデザインする意欲と力を養うことが肝要です.

2.7 設計者の要件と修練

(1) 誰がデザインを行うべきか

　時として橋本体のデザインを彫刻家や建築デザイナーに委ね，橋梁技術者は構造的な面で側面協力するという方法がとられることがあります．一見合理的のように見えるこの方法も，チーム構成員個人の力量と姿勢によって結果が左右され，うまくいく場合とそうでない場合があります．

　うまくいく場合は人材に恵まれたケースで，構造的センスをもったデザイナーか美的センスに恵まれたエンジニアのどちらかが加わった場合です．

　優れたデザイナーは構造物を意識してエンジニアの意見を聞こうとしますし，優れたエンジニアは力学や経済性に根ざしたデザイン観を主張します．

　うまくいかない場合というのはその逆で，構造を理解しようとせず自分のデザインを押しつけようとするデザイナーと，単なる計算屋のようなエンジニアが組み合わされた場合です．この場合，エンジニアはデザイナーに振りまわされ，デザイナーのやりたい放題の要求に奉仕する役割しか果たせません．おまけに，今日の構造技術は解析面・材料面・施工面において非常に優秀で，力学的不安定系でない限り，それが技術的にあるいは経済的に望ましくない無謀な形態であっても，デザイナーの要求を可能にしてしまいます．

　デザインを誰が行おうと，どんな体制で行おうと，それは問いません．

　ただ，元来土木構造物，とりわけ橋は，用と強を不可欠とする工学的所産であり，工学技術を抜きにしてはいかなる形態も考えられないものです．そのデザインにあたって必ず参加が求められるエンジニアは，エンジニアとしての真の役割を正しくしっかりと果たすべきです．

　その役割とは，エンジニアリングに関する数値的諸検討を行うことと，エンジニアリングに根ざした自分なりの構造デザイン案を提案し語ることです．この希望の合い言葉として「原則として，橋のデザインは橋梁技術者自身が行うべきである」と主張したいのです．ただし，これを実現するためには次項の要件を満たす必要があります．

(2) 設計者に求められる要件

a. 設計者に求められる素養と資質

公共土木施設の性格から，その設計の重大性と難しさについてはすでに述べました．確かに，これらの設計はそう簡単に行えるものではなく，設計者にはそれなりの能力と見識が求められます．設計者の目標とする条件として下記をあげます．

① 工学技術に通暁し，さらなる向上を目指す．
② 一定以上の審美眼・造形力・描画力を身につける．
③ 冷静な観察力と考察力をもつ．
④ 豊かな常識と好奇心をもつ．
⑤ 謙虚な精神と優しさをもつ．

少々難しい注文かもしれませんが，これの具備が一個人において無理なら協力体制を組んででも満たすべきです．

b. 設計者に求められる修練

また，前項の能力を養うためには次のような修練が有効です．

① 優れた実物に数多く接し，観察と考察を繰り返す．
② できるだけ多くのプロジェクトに参画し，いつも頭と手を動かす．
③ 自己資料として内外の技術情報と事例のストックに努める．

観察は，すぐにカメラを向けるのではなくスケッチによる写生を心がけると細部まで行き届き，大抵の部分は頭に刻み込まれます．考察とは，美しく見えるのはなぜなのか，そうでないのはなぜなのかを緻密に考えて結論を出すことです．整理された最新の技術情報と事例ストックは設計者の宝となります．

2.8 土木設計界の現状

(1) 土木と建築の比較

　土木と建築を比較すると，設計や施工のシステムや技術者の資質に相当の違いが見られます．この違いのなかに土木設計界の問題点も含まれていそうなので，以下に両者を比較します．ただ，土木と建築の対比は官庁と民間の対比を象徴する場合もあり，同列で比較できない面もあります．

　a．設計対象物

　土木界の設計対象物はその多くが社会基盤にかかわるもので，官公庁が主管することがほとんどです．また，施設の構成部品数は建築のそれに比べて極端に少なく，構造も非常に単純です．

　建築界の一般的な設計対象物はビルや住宅や工場であり，事業主体の多くは民間企業です．また，建築物は構造体，設備施設，仕上げ材などからなり，部品数は桁違いに多く極めて複雑です．

　b．設計の発注形態

　土木設計の発注形態は競争入札が基本形としてあり，稀にはコンペ方式や特命随意契約，また最近ではさまざまなプロポーザル方式がとられますが，その場合も類似事業に関する過去の実績等が競争参加の資格条件となっていることが多いようです．その場合，実績に乏しい設計会社は，いかに研鑽を積んでも競争参加のチャンスにさえ恵まれないことになります．また，競争原理の精神に発注主体の年度予算や担当部署分化等の事情が加わり，基本計画，基本設計，実施設計などが各々分離発注されることが多く，極端な場合には一つの橋の上部工と下部工が分離発注され，別々の設計会社が受注することさえ起こりえます．事業主にとって設計発注は工事発注の一種であって，設計料は工数積み上げ方式で直接人件費から計算され，アイディアの費用を評価しにくい仕組みになっています．設計成果もアイディアもろとも買い取るという考え方が主流です．工事段階では発注者自らが工事監理にあたり，設計者は発注者の手足として監理の補助を行うことはあっても，主体的に関与することはほとんどありません．

　一方建築においては，事業主の多くが民間企業であるため建築専門技術のストックに乏しく，全面的に設計事務所に依存するのが普通です．事業主が官公庁の場合は競争入札が多いもののコンペ方式もしばしば行われ，その頻度は土木よりかなり

多いようです．民間の場合，契約は設計監理一括契約が多く，建築物の企画・設計，工事発注および工事契約への協力，監理・検査・引渡しまでの一切を行うことがほとんどです．したがって，設計者はプロジェクトの初めから終わりまで，しかもタイル1枚の焼け具合に至るまで，一貫して設計意図徹底のための努力ができます．設計監理料は，実質的には土木とは異なる方式で算定されます．

c. 設計体制と技術者

土木界では，大学はじめ教育機関にあっても官公庁や設計会社の組織にあっても技術の細分化・専門化が進み，各々の分野に高度な知識と技術を身につけた多数の専門家がいます．しかし，それらの各分野を横断して一つのプロジェクトをまとめる技術と技術者は未発達で，プロジェクトマネージャーがいまだ育ちにくい環境にあるようです．また技術者個人は，非常に専門的な技術を身にはつけていますが比較的狭い範囲に限られ，やや常識に疎く，系統的な美的訓練をほとんど受けていません．さらに，コンサルタントの技術者は施工技術に弱いうえに，発生以来の官側との上下関係からいまだに抜け出すことができず，官の頭脳ではなく手足として従属することに甘んじているといえます．例外もありますが，平均像としてはおおむねこのとおりでしょう．

建築界では技術者はアーキテクトとエンジニアに二分されます．アーキテクトはいわゆる建築家で，自ら建物の企画・設計を行うほか，プロジェクトマネージャーとして構造・設備・積算・監理など多くのエンジニアの協力を得てプロジェクトを完成させるのが仕事です．建築家個人を見ると，エンジニアリング知識を十分身につけているうえに多少浅くても広い分野の知識と常識をもち，もともと素養があるうえに系統的な美的訓練を受けています．構造や設備のエンジニアは，これとは少し違いますが，傾向としてはほぼ同じです．

(2) 土木界の課題

先に述べたように，今日の土木設計界は，もともと官側に技術があってこれを補佐する目的で建設コンサルタントがつくられ，もっぱら官側の指導によって育成されてきたという歴史的背景をいまだに色濃く残しています．これはこれで現実に即した状況でしょうが，土木デザインに関しては，次の問題を解決しない限り今後の発展は望めないように思えます．

a. 人材教育

土木界の平均的デザイン力を建築界と比較すると，二歩も三歩も未熟だと判断せ

ざるをえません．デザイン力の涵養に最も効果的なのは，直接的な教育をおいてほかにありません．工業高校から大学に至る土木系学生に，必須科目として美術・景観工学・デザインの基礎を習得させるのが急務だと考えます．同時に，土木工学とは人間の幸せのために存在するものであり，したがって発注者も設計者も単なる役まわりであって，等しく市民に奉仕することこそが仕事であることなど，土木の根本論も改めて教育すべきです．

 b. 評論家

 建築には建築評論家が存在し，デザインに関する評論も盛んで設計者も発言します．土木においても土木評論家なるものが成立して自由な評論を行い，当事者もこれに応じるなど，活気ある状況を実現できないでしょうか．相互に批評し合い切磋琢磨していかないと，土木デザインの分野が建築の範疇に組み入れられる日がすぐにやってきます．

 c. 諮問機関

 発注者である官公庁は，景観に関する諮問機関や決定機関を設置しているようですが，今後ともこれの充実を図り，一定以上の規模をもつ施設については常に最良・公正な評価が下されなければなりません．現場の担当官や設計者の好みだけでそのデザインが安易に決められることがあるとすれば，特別な場合を除いて間違いです．

 d. 設計料，発注方式

 現在，一般に官公庁でとられている設計料積算方式は，機械的作業の多い実施設計には適切でしょうが，デザインやアイディアの費用を評価するのは難しく，特に基本設計の場合ビジネスとしての採算性から受注者側の意欲に影響することがあります．デザイン料というオプション項目を設けておき，実態に応じてこの分を精算するなどの措置が望まれます．また，いま少しコンペ方式を軌道に乗せるのも斯界の発展に有効だと考えられます．

2.9　原点としてのデザイン十則

　基本認識編のまとめとして，設計に臨む望ましい基本姿勢を次のようなキーワードに託して提案します．実際の設計場面では事情によって通用しない項目もありますが，まずは原点として常に考えて下さい．

① 設計の基本精神は謙虚さと優しさ
② 美を考える四つの視座——環境・機能・構造・感覚
③ 個体美と風景美の意識
④ 個体美は技術美——機能・研ぎ澄ました構造・感覚
⑤ 風景美は馴染み——環境・感覚
⑥ ニュートラルで経済的なデザイン
⑦ 上からの発想と積み上げの発想
⑧ 自制のデザインと高揚のデザイン
⑨ 類似の事例調査
⑩ 技術の追求と挑戦

第 3 章 構造計画の実際
―― こころを形に表す

　本章は，本書の主題である設計の具体的な方法や考え方について述べます．第 2 章で述べた基本認識をこころとすれば，こころを形に表すことがすなわち設計です．橋の計画と基本設計のステージに焦点を絞り，その手順や方法論を実例を交えながら具体的に解説し，最後に造形のための筆者なりのチェックポイントを添えます．いずれも，筆者自身の設計実務を通じて得た知見と信念によっていますので，いささか不十分な点もあると思いますが，ひとつの設計スタイルとして示すことにします．

3.1 計画の手順

(1) 一般的計画手順

　構造物の計画に定まった方法があるわけではありませんが，流れとしては施設の性格づけ→計画方針策定→計画という手順を踏むのが筋で，その流れを一例として示せばおおむね図3.1のようになります．

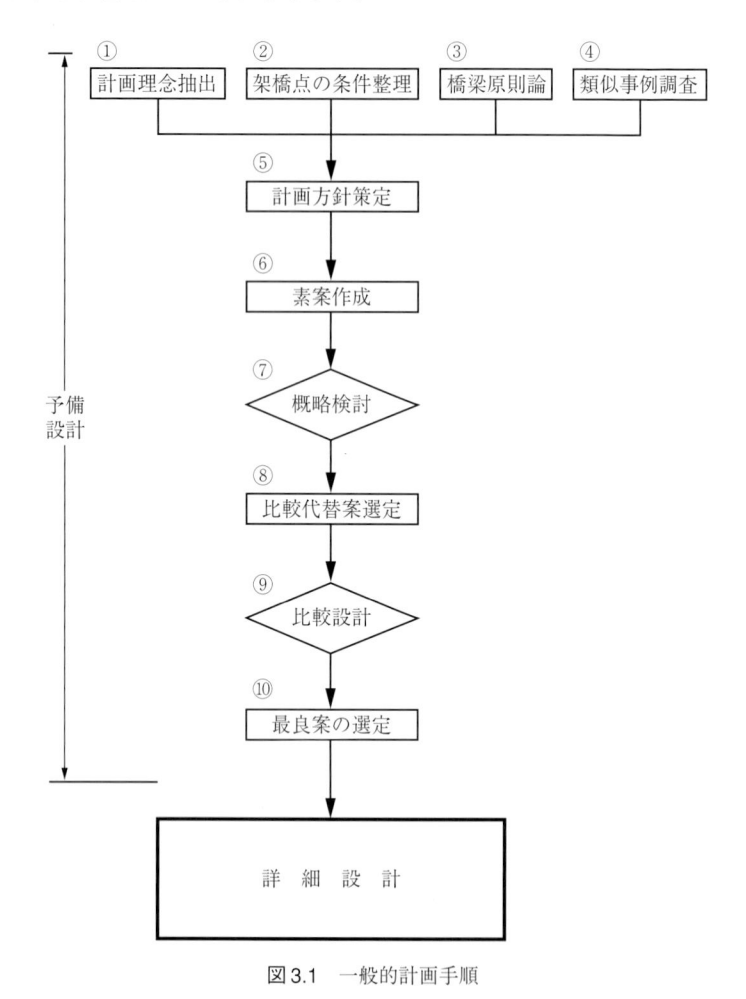

```
予備設計：
① 計画理念抽出
② 架橋点の条件整理
③ 橋梁原則論
④ 類似事例調査
⑤ 計画方針策定
⑥ 素案作成
⑦ 概略検討
⑧ 比較代替案選定
⑨ 比較設計
⑩ 最良案の選定

詳細設計
```

図3.1　一般的計画手順

① 計画理念抽出

当該地域の整備にかかわる先行計画や上位計画から読み取れる街づくりの理念です．先行・上位計画とは行政側から示されるもので，交通計画・広域公園計画・レクリエーション計画・土地利用計画・地区整備計画等々を指し，当該橋梁の整備水準等に影響があれば方針に反映します．

② 架橋点の条件整理

物理的には橋の計画に最も影響の強い条件です．地形・地質・道路条件・河川条件・周辺環境条件，その他現場の特殊条件などを指します．

③ 橋梁原則論

構造的合理性の原則・施工的合理性の原則・諸基準適合性の原則・経済性の原則等々を指します．デザイン思考が迷路に迷い込んだような場合，この原則を思い起こせば抜け出すことができます．ただし，原則の枠をあまり狭くすると斬新な橋の出現を阻害します．

④ 類似事例調査

当該橋梁と規模・用途が類似している既設事例をできるだけ多く収集します．施工実績として提案内容の補強材料としたり，二番煎じのそっくりさん誕生を防ぎます．

⑤ 計画方針策定

以上の諸条件から当該橋梁の計画方針をコンセプトとして定めます．できるだけ形をイメージできることばを使うか，最終デザインに至る思考経路を示します．しかし，ことばの世界と形の世界のギャップは大きく，両者の整合性には困難がつきまといます．この点については後で述べます．

⑥ 素案作成

ここからが形の世界です．①〜④の具体的データを参考にしつつ，⑤に合致する数案以上の素案をつくります．ここに登場しない案は最後まで日の目を見ることがなく，いかに素晴らしい案をつくることができるか，造形力が試される非常に大事なステップです．この項も後で述べます．

⑦⑧ 概略検討・比較代替案選定

既往の資料や簡単な当たり検討で形の基本骨格を定め，景観美観，経済性，施工性等々の概略比較を行い，比較設計代替案を所定の数だけ選定します．

⑨⑩ 比較設計・最良案の選定

比較設計により代替案のなかから最良案を選定します．

(2) 複数橋の計画

a. 各橋の位置づけ

複数の橋を計画する場合，どの橋も同様の水準で整備すべきかどうかはなはだ疑問です．安全性については基準によるほかありませんが，デザインについては何らかの位置づけ，順序づけをし，その位置づけに応じた整備水準を定めるのが合理的です．

しかし，一つの都市内においてもこのことの実際は非常に困難です．たとえば，管理者や施工年度の異なる橋を同列に並べて重要度順位を決め，それに応じて整備水準を変えることはほとんど不可能です．ここではせめて，同一管理者がある時期連続して複数の橋を計画する場合，という条件付きで複数の橋のデザイン的位置づけについて一案を示します．常にこの方法がいいとは限りません．場合に応じて考案して下さい．

A 橋の見られ方

橋が置かれている場所・環境から橋の見られ方(どこから，どんな人が，どんな風に見るか)を評価し，重要(a)と普通(b)に分類します．

B 橋の使われ方

橋が置かれている場所・環境から橋の使われ方(どんな人が，どんな使い方をするか)を評価し，重要(a)と普通(b)に分類します．

橋の位置づけ，分類

以上の分析結果を組み合わせ，Aa-Ba，Ab-Ba，Aa-Bb，Ab-Bb の 4 種のタイプに分類できます．重要・普通というのはずいぶん荒っぽいようですが，結果的に得られるタイプの数を思えばこのくらいがちょうどいいと考えられます(表3.1)．

表3.1 橋のタイプ分け

A：見られ方 B：使われ方	重要 a	普通 b
重要 a	Aa-Ba 型 (略称 aa 型)	Ab-Ba 型 (略称 ba 型)
普通 b	Aa-Bb 型 (略称 ab 型)	Ab-Bb 型 (略称 bb 型)

b. 各橋のデザイン整備水準

前項における見られ方として遠景領域〜中景領域の景観を，使われ方として近景領域・橋下領域・橋面領域のあり方を考え，各々視認しやすい要素を整理して表3.2のデザインガイドライン案を得ます．たとえば，abタイプの橋に対してはA項a欄とB項b欄がデザインガイドラインです．これも前節に続く一案ですので，場合に応じて工夫できます．

表3.2 橋の整備水準

	デザイン要素 \ 整備水準	重要 a	普通 b
A	スケール感	スパン等のスケール感を背景の風景に調和させる	スケール感配慮の必要はなく，経済性重視
	全体の形態	シンボル性考慮	シンボル性の考慮不要
	色彩	遠方からの視認性考慮	背景との馴染み重視
	周辺環境との関係	強調法をとる	融和法をとる
B	細部の形態	近距離からの視線を考慮	排水管を除いて配慮不要
	色彩	寄りつきを考慮した色彩	寄りつきの考慮不要
	テクスチュア	寄りつきを考慮した質感	寄りつきの考慮不要
	舗装・高欄・照明等	快適性と美観考慮	中景として美観考慮
	橋詰め広場 橋からの眺め	橋詰め広場の快適性考慮 テラス設置を検討	特別な考慮不要
	桁裏・橋脚・橋台 橋下修景	寄りつきを考慮したデザイン	寄りつきの考慮不要

(注) A：橋の見られ方(遠景〜中景景観のあり方)
　　 B：橋の使われ方(近景・橋面・橋詰め・橋下のあり方)

この方法で位置づけられる各タイプを一言で示せば

aaタイプ——シンボリックで美しい橋梁形態と快適な橋面・橋下空間
abタイプ——シンボリックで美しい橋梁形態と普通の橋面・橋下空間
baタイプ——経済的で美しい橋梁形態と快適な橋面・橋下空間
bbタイプ——経済的で美しい橋梁形態と普通の橋面・橋下空間

となりますが，bbに対しても美しさを要求している点に注目して下さい．

(3) 橋梁群としての把握

　同時に視野に入る一群の橋，または観察者の移動に伴って次々と目に入るひとかたまりの橋を扱うことがあります．たとえば，ある河川の既設橋梁群のなかに新設橋梁を計画する場合や，高速道路上に次々と架かる跨道橋群を計画する場合などです．単に風景として捉えるだけでは不十分で，一群の橋として系統的な検討を加える必要があります．ある大きなニュータウンで，道路上に架かる歩道橋が同一の形で標準設計されていたため自分の立地点がわからなくなり，訪問者を困らせたという例があります．

　このような標準設計も困りますが，逆にお互いが何の脈絡もないばらばらの不統一も困ります．一群と見なされる橋には，系統的な共通要素と個性要素を付加するのが秩序ある方法です．こうすれば橋の道案内としての役割も果たせるし，不統一感もなくなります．橋の変化する様子があるストーリー性をもったり，橋の展覧会になればなおさら面白いことです．新設橋の場合，経済的な理由で標準設計化するにしても，形を一味ずつ変えるとか，色彩を変えるとか，変化をつける工夫はいくらでもできます．

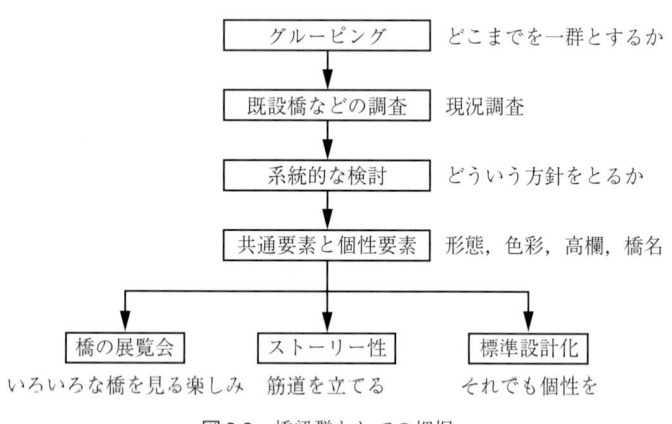

```
┌──────────────┐
│  グルーピング  │   どこまでを一群とするか
└──────┬───────┘
       ▼
┌──────────────┐
│ 既設橋などの調査 │   現況調査
└──────┬───────┘
       ▼
┌──────────────┐
│  系統的な検討  │   どういう方針をとるか
└──────┬───────┘
       ▼
┌──────────────────┐
│  共通要素と個性要素  │   形態，色彩，高欄，橋名
└─┬──────┬──────┬─┘
  ▼      ▼      ▼
┌─────┐┌────────┐┌────────┐
│橋の展覧会││ストーリー性││標準設計化│
└─────┘└────────┘└────────┘
いろいろな橋を見る楽しみ  筋道を立てる  それでも個性を
```

図3.2　橋梁群としての把握

　図3.2に考え方の一例を，図3.3に既設橋梁調査の一例を示しますので参考にして下さい．

北上川・中津川橋梁群の現況調査

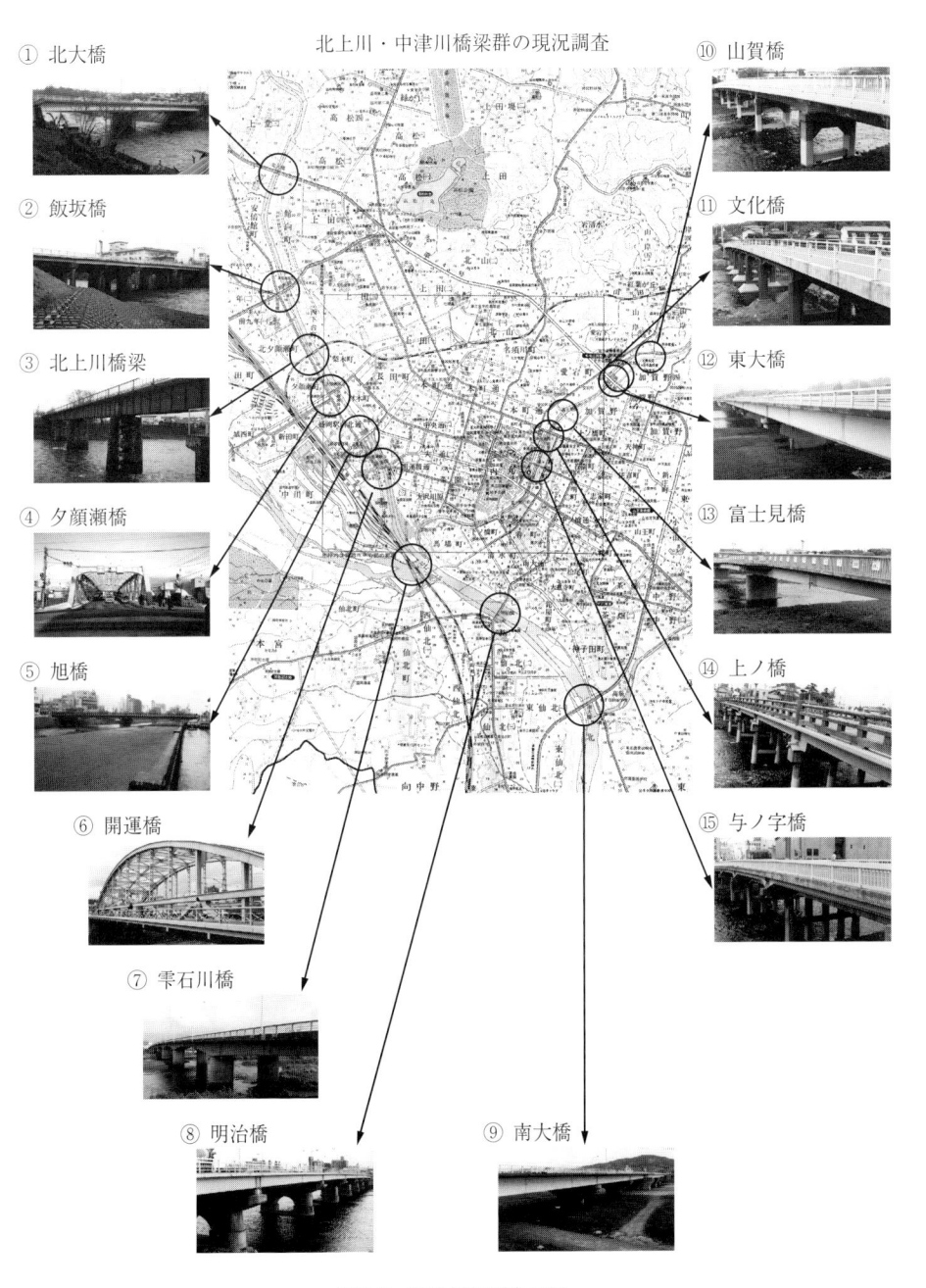

① 北大橋
② 飯坂橋
③ 北上川橋梁
④ 夕顔瀬橋
⑤ 旭橋
⑥ 開運橋
⑦ 雫石川橋
⑧ 明治橋
⑨ 南大橋
⑩ 山賀橋
⑪ 文化橋
⑫ 東大橋
⑬ 富士見橋
⑭ 上ノ橋
⑮ 与ノ字橋

図 3.3　既設橋梁調査の例

3.1　計画の手順

3.2 造形の検討，方法論

(1) 現地調査

　ある施設の計画者として最もふさわしいのは，現地情報の知悉度という点に限っていうなら，その街の住民をおいてほかにありません．設計者は住民ほどでなくとも，何度か現場に足を運んで直接現地の様子を調べるだけではなく，歴史的情報を含めてその地点・その街にかかわる諸情報を得なければなりません．調査の方法は観察，写真撮影，文献調査等ですが，地形・地質・土地利用計画等図面や報告書の形で別途知りうる情報は別として，現地に赴かなければ得られない情報項目をあげると以下のようです．

a. 現場写真

　架橋点を中心とした現場写真を撮影しておきます．写真はいろいろと使い道がありますが，フォトモンタージュに使うことを意識して撮影しておくのも重要です．この場合は，撮影地点とレンズ焦点距離の正確な記録をとっておかなければ，合成すべき正しい CG ができません．ズームレンズの場合，特に注意して撮影ごとに焦点距離を確認します．また，人の目と著しく異なるのも困るので望遠系は使わないようにし，太陽の位置にも気をつけます．多くの場合，太陽の低い朝か夕方の順光状態が理想的です．

　レンズの焦点距離と視角の関係は大略図 3.4 のようです．下記の角度はカメラの説明書等で画角(対角)と説明されている視角コーンを表しますので，視角と表示しました．トリミングしない矩形写真に外接する円弧を，該当する視角として CG 合成に使います．

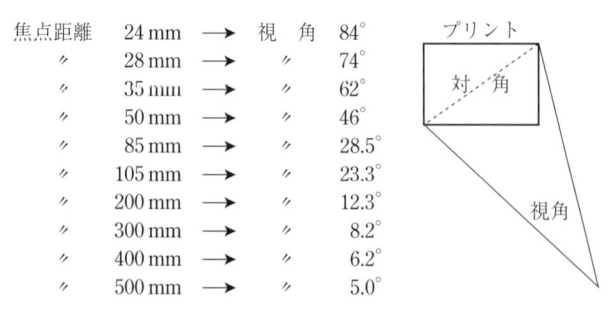

焦点距離		視角	
24 mm	→	視角	84°
28 mm	→	〃	74°
35 mm	→	〃	62°
50 mm	→	〃	46°
85 mm	→	〃	28.5°
105 mm	→	〃	23.3°
200 mm	→	〃	12.3°
300 mm	→	〃	8.2°
400 mm	→	〃	6.2°
500 mm	→	〃	5.0°

図 3.4　焦点距離と視角

b. 大きな地形

　大きな地形とは，対象施設規模の数倍程度の範囲における地形・山並みがなすスカイライン・大きな建物などの風景を意味し，施設縦断面に沿った風景付き断面図を作図します．この風景入り地形図は，目が架橋点のみに引きつけられるのを防止し，対象物と環境とのボリューム関係を正しく把握するのに有効です．情報は，現地における直接観察と地形図等から得られます．
　第 4 章の図 4.3 のスケッチ例を参考にして下さい．

c. 目につく建造物，大樹など

　上記が遠景的地形観望であるのに対し，遠景から中景領域において目を引く建物や樹木等，地形付加要素をピックアップして調べようというもので，橋の形やスケール感に，当面は大きな影響を与えます．鉄道高架橋，鉄道架線，鉄塔，送電線，煙突等，神社の杜，高木など，遠景〜中景景観に影響を与える事物に着目して現地調査をします．

d. 街の様子

　橋を含む都市の様子を観察・調査します．たとえば，暖かいか降雪が多いか，工業都市か商業都市か，喧噪か静寂か，近代性はどうか，歴史性はどうか，名物・名産は等々，気候風土等に関する項目が調査対象です．調査は，直接街を歩くことと旅行案内書や行政刊行物等による方法がよく，この調査により橋の計画に反映すべき街の性格を知ることができます．

e. 周辺既設橋梁群

　当該橋梁を中心としてある範囲を定め，そこに架かる既設橋梁の現状を調べます．調査範囲は，少なくとも当該橋梁の橋軸方向と，橋軸直角方向の 2 方向としますが，同時に視野に入る橋梁群というくくり方も必要です．当該橋梁のデザインの参考になることがあります．

f. 歴史的情報，その他

　当該橋梁近辺の歴史を調べ，橋や橋詰広場のデザインに配慮します．役所や図書館には大抵広報室や資料室があって，郷土史資料が整っています．
　また，橋の計画に影響ありそうな年中行事等を調べます．花火大会，祭り，正月，七夕等々ですが，役所でのヒアリング等でわかります．
　歴史や風土・文化のデザインへの反映方法は，歴史的事実や文化の事象をリアルに図化するような方法は避け，抽象的に洗練された形と説明文で示すのがいいと思いますが，関係者との協議を繰り返し，同意を得るのが肝要です．

(2) 類似の事例収集

橋の計画において，類似の実例はプラス面でもマイナス面でも非常に参考になります．類似事例参照の主な効果は下記のとおりです．
① 計画にあたって発想の幅を広げる
② 不都合な部分をもつ反面教師の役割
③ 施工実績の例として事業主の不安を取り除く
④ 不用意にコピー（そっくりさん）をつくってしまわないため
⑤ ディテール等，いい参考例として

橋の計画において上のような必要があるときは，直ちに類似事例を収集して自ら参照したり関係者に示すのが有効です．事例の収集は勉強の一環として普段から行っておくべきものですが，どのプロジェクトにも有効とは限らず，ある程度プロジェクトごとの収集作業が必要です．

この作業の繰返しによってストックは少しずつ増え，宝となっていきます．本来日常的な事例収集は，個人の関心と労力による個人所属のもので，安直に他者に提供するものではありませんが，最終的にはプロジェクトに役立てるのが目的です．志を同じくする仲間で協力・分担するのが理想です．収集するものは現地での写真と図面が欲しいところですが，写真だけでも十分に役立ちます．

また，これの整理方法が大切で，プリントの手間はかかりますが，ポジフィルムで撮影しマウントで1こまずつ分類のうえファイルするか，できるだけ系統的に取材のうえプリントアルバムとフィルムを同一ファイルに綴じ込むのがいい方法だと思います．また，APSフィルムを用い，フィルムと密着プリントを専用ボックスで同時保管するのも簡便でいい方法です．さらに，ディジタルカメラやスキャナーによって映像を電子情報として編集すれば，膨大で精緻なライブラリーを構築することも可能です．

収集の対象は自分の必要と関心に応じて決めればいいのですが，下記のようなものは必要度も高く，必ず役立ちます．

　　橋本体（形式別上下部各種，各部構造ディテール，グッドデザイン集）
　　歩道ペーブメント　高欄　親柱　橋詰め　照明　壁仕上げ各種　石積み
　　レンガ　橋上植栽　橋詰植栽　外装仕上げ　排水縦樋　階段　スロープ
　　擁壁　遮音壁　古い橋　珍しい橋　木橋　デザイン珍プレー集

(3) 造形の基本

さて，調査や計画論はともかく，橋の具体的造形はどのようにして行うのか難しいところです．以下に筆者の方法を示します．

a. 現場での発想とシミュレーション

筆者は現場に何度か赴き，現場で橋梁形式を考えるのが常です．架橋点の風景を目のあたりにし，頭の中で似つかわしい橋の形をかなり詳細に風景に合成します．スカイラインとの関係や色彩等についてもイメージします．橋の形をいろいろ変え，現場の頭でシミュレーションしますが，通常この時点で架けたい橋の形がある程度の数に絞り込まれます．

b. 目の前にいつも現場資料

この方法もほとんど常にとります．現場資料にいつも接するのは前項に述べた現場発想の次なる工程であったり，現場にいけない場合の代替行為であったりします．現場資料とは現場写真と地形縦断図です．これらを仕事場の席と自宅のデスクに張り付けておき，折りにつけ眺め，形を考えます．臨場感は劣りますが，紙と鉛筆を用いて形をとどめておけるのが特徴です．

c. 事例参照・物真似排除

類似事例は多く調べ，参考になるものは参考にします．が，特に注意すべきは，情報不足のために偶然何かの物真似になってしまうことです．そのようなことにならないよう事例をよく調べますが，合理的で一般的な力学系の類似については科学の真理ですので，気にする必要はありません．ただ，形のための力学系と思われるきわどい事例への類似は必ず避けます．

d. 下心なく・新鮮な構造形

たとえば，いままで誰もつくったことのない形にしようなどという下心をもたず，純粋に構造的観点に立って合理的な形を考え，それを出発点とします．

ただし，技術的な面では常に最新のものを学び，造形においても前回より何か一つでも新しい技術的工夫の加えられた，鋭気のこもったものを目指します．奇をてらわず，技術的に高度で，新鮮な構造美，これが目標です．

e. 名物レリーフ主義はデザインではない

高欄やパネルに土地の名物の図柄をそのままレリーフするなど，直截的なデザイン方法はとりません．親柱のリアル（？）な龍も，曲がりくねった照明柱も同じです．形は生のまま用いず，洗練した文様に抽象化して用いるのがデザインの基本です．

(4) 造形の検討

造形デザインの検討は頭の中で行うのも重要ですが，さらに具体的な検討が必要です．

a. ラフ図面

頭に浮かんだ案の側面形をラフな図にし，構造とデザインを練り上げます．柔らかい鉛筆と消しゴムを離さず，フリーハンドで描いては消し，消しては描いて作案を詰めます．たちまち数案以上ができるでしょうが，この時点で良い案を数案に絞ります．この数案を対象に，側面図の次は平面図と断面図です．この段階で必要な部材をすべて描き込み，荷重の受け方，流し方も考えておきます．部材の寸法は経験で描きますが，少し無理かと思う程度に必ず小さめにスマートめに描き始めます．実際の寸法は，並行して行う構造当たり計算でこのスマートめな寸法からスタートし，足りなければ少しずつ大きくしていくことによって決めます．この方法をとることで，スリムな寸法に落ち着かせることができます．寸法はラフ図の数字だけでなく絵姿の実寸法にも直ちに反映し，当たり計算に裏打ちされた図にします．この段階で概略の材料数量もはじいておきます．この図は構造とデザインを表す基本図で，後に概略設計や実施設計の重要資料となります．用紙はA3程度，鉛筆は2B程度を用い，必ずフリーハンドで，ラフ図とはいえスケールの目盛りをあてて寸法正しく，プロポーション正しく，素早く描きます．縮尺は対象物の大きさに応じ，三角スケールのいずれか適当な縮尺目盛りに合わせます．大きな橋なら長い用紙を使い，全体図のスケールが小さいなら部分拡大図を追加します．作図例を第4章の図4.2〜図4.11に示します．

これは人にも見せますが，自分のためのスケッチですから，必要な注意事項や覚えなど自由に書き込みます．描いた複数案は壁かデスクに並べ，総合判断で順位をつけておきます．この作図がすべての出発点となります．

b. 構造検討

土木構造物のデザイン検討は，構造系や部材の形状寸法そのものがデザインの基調をなすので，構造計画・構造検討と表裏一体の関係にあります．ただし，ここでいう構造検討は構造計画の一部として部材の概略寸法と概略工費を把握するのが目的ですから，厳密な検討は不必要です．部材寸法との関係で押さえるべき項目は，応力度・変形・場合によって振動と，実施設計とあまり変わりませんが，断面力の精度は80〜90％もあれば十分です．要するに，ラフ図作成のための当たり計算です．

したがって，対象構造物を単純梁・連続梁・両端固定梁・片持ち梁等の簡単な構造モデルに置き換え，計算値に経験係数を乗じることによって概略断面力を簡単に求めることが肝要です．基礎の保有耐力への対応は震度法の 1.2 倍程度で略算します．この方法で大抵の構造系は，かなりの精度と速度で，いかなる場所でも電卓だけで計算ができます．この段階から，パソコンによってフル計算をするほうがいいという意見もありますが，どうでしょうか．概算法の簡便さは捨てられませんし，これによって培われる構造直感力も他では得がたいものです．細かい計算は実施設計でいずれ行うのです．

　また，常にスケッチブック等を用いてここに述べる a. から d. の作業を行い，経緯と結果が記録として残るようにしておくと，後々何かと便利です．もちろん a. から d. までの作業は，一人が通しで行うべき設計の基本動作ですので，必ず習得する必要があります．

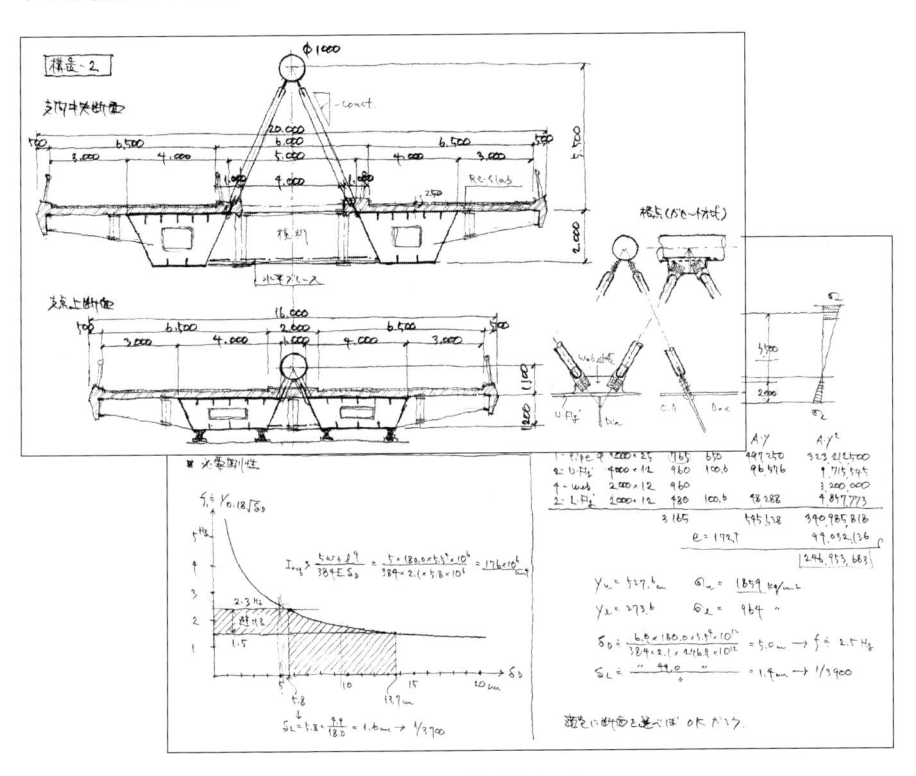

図 3.5　ラフ図と構造検討の例

c. スケッチパース

　この作業は非常に簡単な橋にまでは必要ありませんが，描くことを習慣づけておくことが必要です．パースは形に対する願望を表したり確認・検討するのに有効で手軽な方法ですが，ある程度以上の手練を要します．慣れない間は透視画法によって定規線出しを行うとともに，普段から日常的にデッサンの練習を積みます．慣れれば勘によって絵を描くようにフリーハンドで描けます．柔らかい鉛筆を用いて素早く描きますが，プロポーションを誤ると意味がありません．

　これもただ描くのではなく，ここはこうしたい，あそこはこうするほうがいい，などとデザインを練りながら描きます．これもラフ図同様検討用の内部資料ですが，これらの技を身につけておくと事業主との協議においても大変役立ち，効率よく理解を得ることができます．描画力と称するのはこの技のことで，必ず習得しておきます．

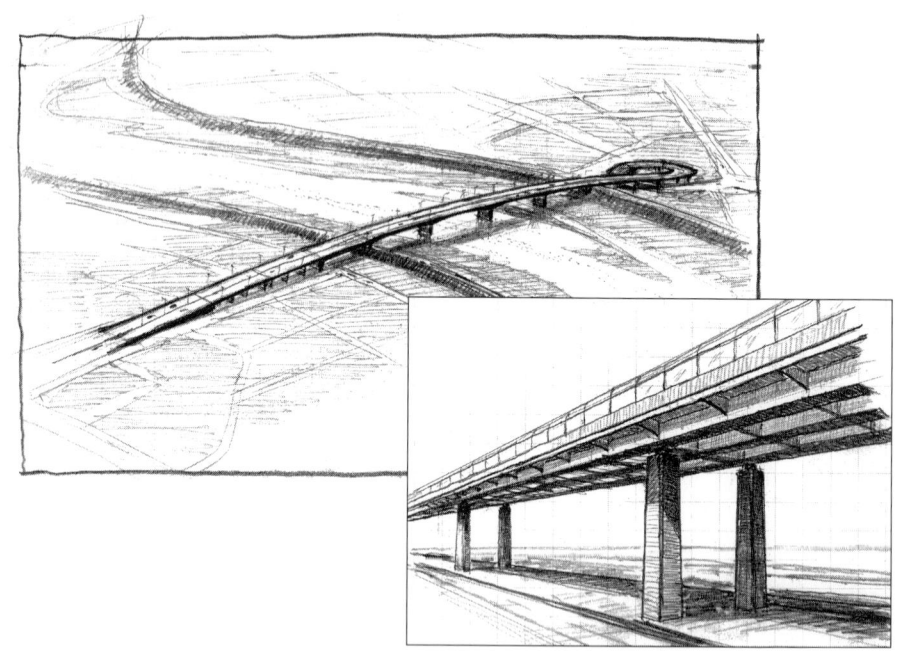

図3.6　スケッチパースの例

d.　スタディ模型

　これもどんな橋にも必要というわけではなく，形状が変わっていたり複雑な橋の

場合に見え方や構造を検討するのに有効な方法です．縮尺はラフ図面と同じくらいでよく，ディテールより全体形を見るのが目的ですが，構造上の問題点を発見できることもあります．ディテールを検討する場合は 1/10 〜 1/30 程度の縮尺とします．全体形を見る場合，同一縮尺の自動車などの大きさを表すブロックを添えるとスケール感が出ます．

　スタディ用ですから，簡単に迅速につくったり改造できることが肝要で，厚紙やアートボードなどを材料とし，接着剤や虫ピンなどで接合します．大抵の材料は模型専門店で求められますが，ケーブル用材料は手芸用品店で扱っている糸巻きゴムひもを少し張力をかけて用いるのが最良です．ブラケットや小梁などはつくらず，主に主構の全体バランスを見ますが，高欄はスケール感や実際らしさを表すのに有効なので，できれば高さ 1 m の壁としてつくるほうがいいでしょう．ラフ図面に基づき簡素迅速につくってデザイン検討するのが本領で，模型づくりそのものに熱中しすぎないよう注意する必要があります．

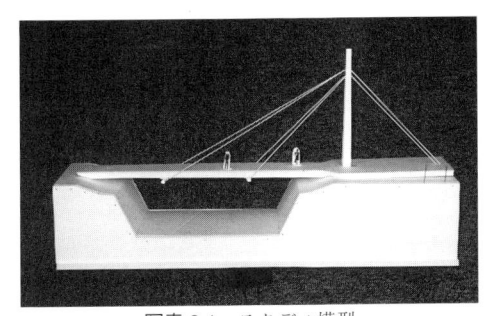

写真 3.1　スタディ模型

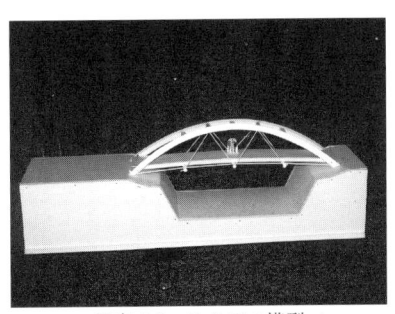

写真 3.2　スタディ模型

写真 3.3　スタディ模型

3.3 プレゼンテーション

　基本計画または基本設計の段階で，関係者にプレゼンテーションする機会があります．設計途中の節目であったり完了後の説明であったりしますが，いずれにしてもコンセプトから企画案に至る一連の筋書きをもったレポートが必要です．ここではそのうち，案をビジュアルに説明する模型やパースの概要について述べます．

(1) 模型

　模型は，遠くの背景までは制作できないので周辺を含む個体形態の表現に限られますが，つくり様によっては最もリアルなうえに自由な角度から検証できる優れた方法です．

　簡易模型はアートボード，バルサ，紙など簡易な材料を用いて手づくりででき，通常はこの程度で十分です．構造物のベースとなる地盤面は，一枚板ではなく浅い箱形にして剛性をもたせ，方位・河川名と流れの方向・道路名等を貼り付けシールなどで表します．案が複数ある場合は地盤面を共通とし，構造物を取り替えてセットできるようにします．サイズによっては模型を運搬方法に応じて分割し，持ち運び用のケースも用意します．また，人や自動車，あるい樹木などの小物もつくっておきます．この模型を写真撮影する場合，屋上や屋外にもち出し，遠くのビルや山

写真 3.4　簡易模型

写真 3.5　簡易模型の借景撮影

第 3 章　構造計画の実際

並みを借景にすると，ある程度の臨場感が得られます．

本格模型は専門業者に依頼する精巧なもので，時間と費用が相当かかり，特別な場合に限られます．

(2) 手描きパース

手描きパースは背景を自由に描き込めるので，個体形態のみならず風景との調和の具合を表せる点で優れています．しかし，視点を変えて何景も必要な場合には不向きで，出来映えは描き手の技量によって大きく左右されます．

最近はCG系パースに変わりつつあり，画面のすべてを手描きとするものは少なくなりました．

(3) フォトモンタージュ

個体形態のみならず風景との関係を表せるのは手描きと同じですが，背景や周辺

図3.7　フォトモンタージュの例

に写真を利用するのでよりリアルで手間も少なく，最もよく用いられる方法です．写真と合成する構造物は手描きとCGがありますが，最近の傾向はやはりCG（サーフェイスモデル）です．この場合，構造物のデータを一度つくれば角度の違う写真を用意することによって，比較的容易に視点の異なる複数のパースをつくることができますし，カラーシミュレーションもできます．注意する点は，現場の写真撮影のとき，合成が容易にできるよう撮影地点の位置とレンズの焦点距離を記録しておくことです．

(4) ワイヤーフレームCG

モデルのいかんによらず，CGはデータさえあれば時間をかけて現場の事物から遠くの山脈までインプットできるので，個体形態にも風景にも適し，視点の移動も自由な優れた方法です．出来映えが正確で個人差が出ないのも特徴です．しかし，このワイヤーモデルは単なる線画なのでそのまま使えることは少なく，手描きパースの下絵やレポート中の構造説明，あるいは道路線形の説明などに適しています．

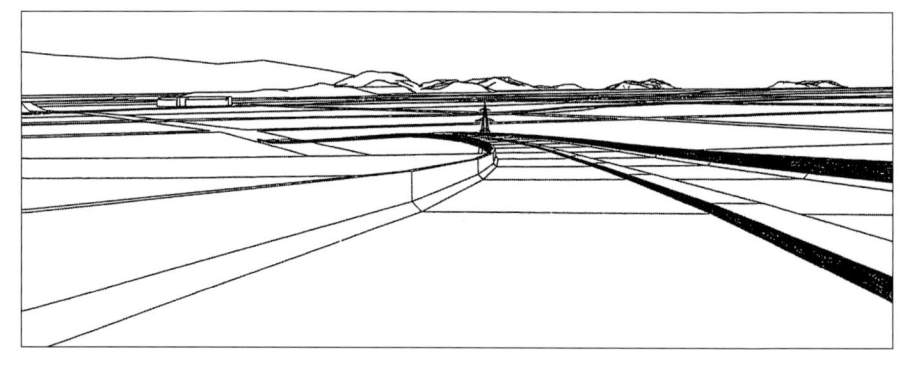

図3.8 ワイヤーフレームCGの例

(5) サーフェイスCG，ソリッドモデルCG

ワイヤーフレームモデルの2倍以上の手間がかかりますが，着彩や陰影処理ができるので仕上がりが比較的美しく，よく用いられる方法です．遠景までインプットして一定間隔に視点を移動させた絵をスライドプロジェクターで連続映写すれば，略式ですがシークエンスを表現することもできます．ただ，周辺事物のデータを調べてインプットする手間は相当のもので，さらに手描きパースのように表現方法に

融通をきかせることもできません.

図 3.9 ソリッドモデル CG の例

3.4 計画上の問題点と実務的解法

　造形計画の実際について述べてきましたが，橋などの計画・設計を実務として行う場合，いくつかの問題に遭遇し，スムースに進捗しないことがたびたび起こります．その主要なものは，ことばの世界と形の世界のギャップ，造形のノウハウ，および評価の問題などです．

(1) ことばの世界と形の世界のギャップ

a. 問題点
　「計画の手順」で述べたように，上位計画や現場の条件分析等から計画方針を策定し，この方針に基づいて素案や比較代替案を作成するステップを踏むのが一般的です．この基本方針は通常数項目の文章で表現されますが，ここからどのようにして「形」が生まれるのでしょうか．ことばの世界と形の世界の間には大きな隔たりがあり，たとえば「地域のシンボルとなる橋」とか「市民に親しまれる橋」とはどんな形なのか，難しい問題です．

b. 解決策1
　詳細設計に至るまでのフローチャートを，図3.10に少し実務的に示して問題点の原因を考えます．望ましい形は図式的には計画方針から導き出されますが，そもそも方針コンセプトは具体的な形を暗示するものではなく，その大枠（形の骨格）は河川条件や道路条件等の物理的条件からしか導き出されないものです．計画理念の役割は，設計者の造形力と相まって形の骨格から望ましい骨格を選択・洗練し，造形思考の方向性を示すことです．

　問題点の原因は，物理的条件からつくられる形の骨格に構造工学に根ざす強い迫真力が欠けていることと，計画理念としてデザイン思考の方向性に関する検討が不足していることにあるようです．したがって，やや抽象的ですが，下記のことが解決のための努力目標となります．

① 構造物にとっての構造システムの重要性，ならびに構造計画とデザイン計画の不可分性について認識し，関係者の同意を得る．

② 計画方針の段階では具体的な形へのかかわりを捨て，デザイン思考の方向性や経路（たとえば対象物の位置づけと整備水準等）を示すことに専念する．このことによってデザインの自由度を大きくとっておくことも重要．

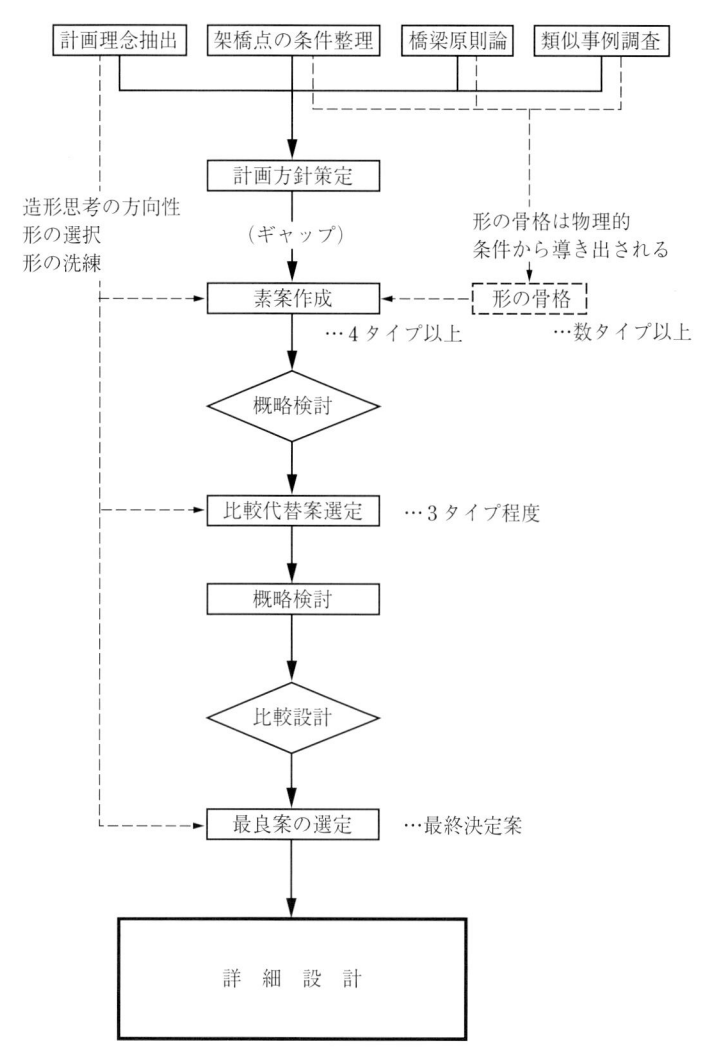

```
┌──────────┐ ┌──────────────┐ ┌──────────┐ ┌──────────┐
│計画理念抽出│ │架橋点の条件整理│ │橋梁原則論│ │類似事例調査│
└────┬─────┘ └──────┬───────┘ └────┬─────┘ └────┬─────┘
     │              │               │              │
     │              ▼               │              │
     │        ┌──────────┐          │              │
     │        │計画方針策定│◀─────────┴──────────────┘
造形思考の方向性 └────┬─────┘
形の選択        (ギャップ)           形の骨格は物理的
形の洗練              │              条件から導き出される
     │              ▼                      │
     │        ┌──────────┐       ┌──────────┐
     └──────▶│ 素案作成  │◀──────│ 形の骨格  │
              └────┬─────┘       └──────────┘
                 …4タイプ以上        …数タイプ以上
```

図 3.10 計画上の問題点

③ 「形の骨格」をつくるにあたって構造面における純粋性，挑戦性，創造性等を重視し，主張と迫力のある案にまで熟度を上げる．これが最も肝要．
④ 構造的造形を第一に尊重しつつ，コンセプトの実現を図る．

c.　解決策 2

これは筆者の常套手段で「初めに形ありき」主義です．物理的設計条件と制約条件を理解したうえで何度か現場を訪れたり，現場資料をいつも眺めていれば，まず頭に浮かんでくるのは方針ではなく，いくつかの具体的な橋のイメージです．これは，現場の視覚的情報からことばの世界を経ることなく，形という直截的な形式で直感的に示された一つの計画方針であるともいえます．この場合，ことばによる計画方針は，形のイメージが浮かんだ理由を分析することによって後付けで構築することになります．

(2)　造形のノウハウ

a.　問題点

ある条件を出発点としていかに豊かなイメージが湧いてくるか，いかに美しくて合理性のある形を創造できるか，これは設計者にとっての一つの重要な腕の試しどころです．しかし，設計条件や計画方針を前にして旧態依然とした形しか頭に浮かばず，これぞという会心の形をなかなか生み出せないのが現実ではないでしょうか．

b.　解決策

この悩みの解決に便法はありません．特別な資質に恵まれない限り，知的修練と技能的修練の積み重ねという地道な方法しかありませんが，修練の方法にはいくつかのノウハウがあり，やみくもに無計画な修練をしても効果はありません．以下に示す 6 項目の心構えと実行が必要です．

① 自己の構造技術力を高める——構造物を対象とする限り必須の基礎条件．技術力に応じて発想力が増し，頭に浮かぶ構造系の種類が豊かになる．

② 本能「美欲」を呼び覚ます——美を欲求する本能が鈍っていないか．美の創造や鑑賞に親しむなどして美欲を呼び覚まし，創造力を増強する．

③ 「強」の美を第一とする——構造物の美の根源は構造美・技術美だと思い定めて構造主義に自信をもち，技術者ならではの案を堂々と発想する．

④ 事例の観察と考察を繰り返す——普段から多くの事例に接しストックを増やしておく．必ず観察と考察を繰り返し，美・醜の原理を理解しておく．

⑤ 優れた人のやり方を盗む——優れた先達の技（結果ではなく仕事の仕方）を学ぶ．ただし，守・破・離の道理でやがて自分流を構築する．

⑥ 固定観念から離れる——作案のときは構造的な常識や約束事もいったん忘れて発想幅を広げる．最新の技術，開発中の材料も視野に入れる．

(3) 評　価

a.　問題点

　ここにいう評価とは，デザイン案に対する事業主側の審美的評価，および総合的価値判断を指します．作案・提案するのは設計者，評価・決定するのは事業主，という図式のなかでこの問題に触れるのは，本書の趣旨にいささか沿いませんが，現実的には避けて通れない重要テーマです．審美的議論が趣味の議論にすり替わり，設計者と事業主が同じ土俵で議論できないことは多く経験するところです．経済性や施工性等多くの他の評価指標に比べて，美観・景観面の評価は数値化できないため，逆に誰にでも評価できると思われているところに問題の根源があります．

　評価問題は二つあり，一つは審美眼そのものの問題です．いくつかの案のうちどの形が最も美しいのか意見が分かれ，時として事業主関係者による多数決に付されることさえあります．しかし，このような方法は関係者の好みを知るだけで，美を測る適切な方法とはいえません．決定権の所有者がすべて審美眼の保有者であるという保証が，必ずしもないからです．

　もう一つは最終的な総合判断の問題ですが，これは責任ある判断力をもって事業主があたるほかないので，ここでは省略します．

b.　解決策

　審美力とは，個人の趣味や感傷を超越したところに存在する高度な知覚であって，訓練を経ずしてはほとんどもちえない能力です．つまり，美を創造するのと同様に美を評価する行為も一つの専門分野であり，誰にでもできるわけではありません．ましてこの場合の評価者は，対象物が建設後数十年も存在し続けることや，形と構造とが深いかかわりをもつことなどについても理解していなければならず，相当の目利きでないとできない役どころです．

　この問題の解決策の一つとして，事業主の担当部署だけで評価を完了させず，専門の個人もしくは機関に諮問するという方法があります．決して能力上の理由ではなく，評価を独立した専門分野と見なす専門・独立の原理からの提案です．運営上面倒な点もありそうですが，すでに都市美観等に関する諮問機関を常設しているところも多く，十分可能なことと考えられます．

3.5 造形のチェックポイント

(1) 先人による美の法則

個体美の法則については古くから研究され，多くの先人によって語られています．常識としてそれらも心得ておく必要がありますので，主なものを以下に列記します．

  a. 一般的概念

■ 用・強・美

構造物にとって必要不可欠の三要素を表す言葉．重要なものから並べられているわけでも，用（機能）と強（強度）を満たせば自動的に美が得られるといっているわけでもない．この三要素はそれぞれ同じ重みをもち，それぞれこれを得ようとしない限り得られるものではない．

■ 真・善・美

元来人間のあり方について述べられた言葉を構造物のあり方にあてはめたもの．認識上の真と倫理上の善と審美上の美（これに聖を加えることがある）を表し，人間の理想としての普遍妥当な価値をいう．構造物にあてはめる場合，真は諸々の合理性を，善は機能的優位性をいい，終局的にはこれらの合目的和合が美しいとするもの．

■ 真即美，構造即美，機能即美，能率即美など一連の合理主義

総体として合理的なものは美しい，構造的に合理的なものは美しい，機能的なものは美しい，最小材料で能率よく構築されたものは美しい，などとする合理主義．構造物の美の一面を的確に表そうとしているが，反面，浅読みされると美学不要論にとられかねない．

■ 量即美

ピラミッドのように，形の大きなもの，重量のあるもの，堂々としているものは美しいとする説．巨大な構造物を目の前にしたときの感激がよく表されている．

■ 形態は内容を表象する

構造物の外観はその内容（機能とか働き）が決定する．といっても機能主義を指すのではなく，形態の検討にあたってはその内容を十分に理解するところから始めよう，という一種の設計作法を主張している．

■ 形態は力に従う

同じく設計作法として，形態における力学の重要性を説いたもの．

b. プロポーション，構図，序列など

■ 黄金分割

$(A+B)B = A^2$ を満足する比率，$A:B = 1.618:1$ が最も美しい比率とする説で，紀元前から唱えられている．

> [筆者注] 現代においても名刺やたばこ箱など，黄金比に近い実例は多くあります．しかしこれは矩形の寸法比を表したもので，スパン割りなど1本の線上の比率にまで適用するのは行きすぎであるとする私見はすでに述べました．矩形として高欄のパネル割りなどに適用すると効果的です．

■ フィボナッチ級数

イタリアのジラルディが提唱した級数で，前2個の数値の和が次の数値になるというもの．

$$1, 2, 3, 5, 8, 13, 21, \cdots\cdots$$

■ ダイナミック・シンメトリー

アメリカのハンビッジが提唱した比率で，$1, \sqrt{2}, \sqrt{3}, \sqrt{4}, \cdots$の比率からなる矩形は美しい，というもの．

$$1:\sqrt{2} = 1:1.414$$
$$1:\sqrt{3} = 1:1.732 \text{（黄金比に近い）}$$
$$1:\sqrt{4} = 1:2.000$$
$$1:\sqrt{5} = 1:2.236$$

> [筆者注] この場合は一直線上に展開し，多径間スパン割りに適用できそうです．
>
> $$1:\sqrt{2}:\sqrt{3}:\sqrt{4} \fallingdotseq 1.0:1.4:1.7:2.0$$

■ 真副体，天地人
　　　そえ

華道における基本の役枝3本の総称で，美的で安定感ある構図を得るための約束事．他にもいろいろ．

■ 真行草

漢字書体の真書・行書・草書の総称．転じて華道，庭園等の格を表す．真は正格，草は崩した風雅な形，行はその中間を表す．

c. デザイン論

■ ロベール・マイヤール（Robert Maillart）

- 景観より経済性最優先．
- 経済的優位性は材料の特質を生かした明快な構造が生み出す．

  ［筆者注］　マイヤールはデザインについて多くを語らず，経済性に名を借りています．彼自身の並はずれた美的感覚・造形力をあえて主張することなく，構造設計力による経済設計をうたい文句に時代の競争に打ち勝とうとしたのではないでしょうか．彼の多くの作がもつ力学的明快さと格調高い造形は真に表裏一体をなし，胸を打たれます．

■ フリッツ・レオンハルト（Fritz Leonhardt）
- good-order

正しい秩序からしか美は生み出せない．橋にとっての正しい秩序とは，構造系がなす基本的な秩序．一つの橋に異なる系を混合せず明確に統合する．正しい秩序は構造材のエッジの向きが表す．線や方向の正しい秩序は一定の間隔を目指せば得られる．

- old laws of good proportions

数学的に厳密でなくても，好ましいプロポーションに関する古くからの法則は研究すべきだ．桁下高さと桁高，桁高と橋脚厚，上部工と下部工，これらの間には必ず好ましいプロポーションがあり，黄金分割に限定せずコントラストも含めて研究すべきだ．

- rule of scale

環境はあるスケールをもっており，橋のサイズ，主として桁のスパンと桁高の寸法はこの環境スケールと関係づけねばならない．しかし，好ましいスケールに関するセンスを得るのは容易ではなく，工事現場において実物に接することによってカバーするのがいい．

- the rule to search for elegance

構造物に優雅さを与えにくい本当のハンディキャップは，直線しか引けないあの製図道具にある．直線ばかりの構成は無感覚な硬直した印象を与える．桁にはわずかなキャンバーを，橋脚には下から上へテーパーをつけるのがよく，曲率が急変する非連続的曲線はよくない．

- use of colors

色彩の問題は鋼橋よりコンクリート橋にある．コンクリート橋の汚い色と未処理の表面の逆効果はどうにかしたい．細かいはつり，彫刻的打放し，彩色など．橋の色は落ち着いて安らかなのがよく，派手すぎてはいけない．色彩は芸術家が選ぶの

が一番いい．

- detailing

グッドディテールには法則がある．支承や柱頭部の小さい部分，梁，高欄，パラペット，橋端部，橋から橋台への移り目，背面盛土部のスロープ等々に対して特に注意する．これらのディテールを真面目に，そして愛をもって処理すれば傑作橋ができるかもしれない．

- bridge models

ある程度以上の橋のデザインを検討するのには，橋だけでなく周囲の事物をも表した模型を使うのが最もよい．正確な図面やパースによってもある程度は検討できるが，いろいろな視点から見え方をチェックできる模型に優る方法はない．

- further general rules

その他の一般法則として，単純さ純粋さの追求，装飾の排除，機能性，施工性，材料特性にふさわしい形，経済性，美の創出への特別報酬，完全な技術が自然と美を生み出すとは限らない，完璧な技術はいつも必要，それ以上に美をつくる意識と熱意が必要，芸術家との適切な連携，技術者も芸術家も王様ではない，人材育成の重要性等々をあげる．

■ B. J. アラン（B. J. Allan）

- 橋の形は芸術と技術のバランスを表す．
- 形の決定要素は技術にある．
- 形の最終決定者は熱意と才能をもった「技術者」であるべきだ．
- 構造に関係のない装飾は用いない．
- 土木構造物は本来非対称形，非対称の美を追求する．
- 化粧ボルトや型枠の木目など構造的装飾は用いてよい．
- 構造的装飾は形の強調のために用い，誇張のために用いてはならない．
- 芸術性の高い公共財産が理想．
- 繰り返し用いるオーガニックな曲線が美しい．
- 環境との関係においてはスケール感が最も大切．
- 構造物の形は機能的合目的性を優雅に表す自然なものがよい．
- 橋の姿は地形，機能，環境，そして何よりも経済性の影響を受ける．

■ クリスチャン・メン（Christian Menn）

- transparency and slenderness

橋の透過性は下部橋脚の数と形状に左右される．幅員が 12 m 以下の場合は幅員

の 1/3〜1/3.5 の幅の一本橋脚がよい．それ以上の幅員をもつ場合は二本橋脚となるが，いずれもラーメン式や張出し式は避ける．高橋脚の場合，幅員によらず一本橋脚がよい．主桁の細長さは桁高と全長の比で感じ，スパン比では感じない．したがって，橋脚位置で主桁が不連続に見えないようにする．床版の張出しは少なくとも桁高と同じ以上とする．

- simplicity and regularity

簡素と規則性はスパン割りと部材断面に現れる．同一桁高，同一スパン割が最も効率的．全体をシンメトリーにし，統一のとれた断面形状とすることが規則性と簡潔さを表現し好ましい．

- artistic shaping

橋の形は，技術的形態に芸術的タッチを施すことで見違えるほど美しくなることがある．しかし，才能に恵まれた技術者による特殊な場合を除き，一般の技術者は技術的形態を追求するにとどめ，デリケートな芸術的処理は真の芸術家が行うのがよい．

■ 柳宗理

- デザインと創造

模倣ばかりで創造のないものはデザインではない．形態美は表面の化粧づくりではなく内部から滲み出るもの．創造的なデザインの契機を得るには，そのための環境づくりが重要．デザインにおける意識活動も創作活動も用を離れてはいけない．それは純粋美術の世界．

- デザインプロセス

デザインの成否はプロセスの成否で決まる．紙と鉛筆だけからはデザインの基本も出てこない．デザインの構想はデザインする行為によって触発される．デザインの考案には立体模型の製作が最も適しており，デザイナー自身が行わなければならない．

- デザインと科学

デザインにはさまざまな科学がかかわるが，デザインは原点から出発するもの．ゆえに科学知識以前にデザイン行為を始めるべきである．科学知識はデザインのブレーキになることもあるし，マーケットリサーチも創造的デザイナーにとってはブレーキになることが多い．

- デザインの協力者

デザイナーには頭の柔らかい積極的な技術者の協力が必要．優れたデザイナーは

ど技術者の意見をよく聞く．よいデザインは優れたデザイナーのみからは生まれない．デザイナーはあらゆる人と付き合い，社会的に孤立してはならない．デザイナーが偉いのではない．

- 現実のデザイン

多くのデザイナーは良いものよりよく売れそうなものをデザインするが，良心的なデザイナーは逆．本当のデザインは流行と戦うところにある．醜いものが多いとは，デザイナーがいないほうがいいということ．反面，バットや道具類のアノニマスデザインは素晴らしい．

- デザインと民芸

民芸は民族の伝統によって徐々に凝結した地域文化ですこぶる純粋．純粋さは美の根源で人類の普遍たりうる．しかし，手づくりと工業製品とは自ずから異なり，工業製品は工業製品としての美を追求しなくてはならない．民芸は民族の文化，デザインは人類の文化．

- デザインと伝統

伝統は創造のためにあり，伝統と創造をもたないデザインはありえない．しかし，伝統の様相をそのまま真似るとジャポニカ調になる．日本人が日本の地で，日本の今日の技術と材料を使い，日本人の用途のために真摯にデザインすれば，必然的に日本的な形が得られる．

- デザインと社会

健全なデザインは健全な社会に宿り，デザインは社会問題である．デザインにはデザイナーの個性と同時に，バックグラウンドたる社会の性格が強く反映される．良い社会とはゲマインシャフト的に結ばれた社会．社会問題はデザインに影を落とす．

- デザインの将来

デザインは転換期にきている．富める地球は貧しい地球に変わりつつあり，限られた物資をいかに大事に使うかが問われている．機械生産もデザインも，量から質への転換が緊急課題．それどころかデザインとは一体何なのか，根源の問題に帰るべき時期にきている．

d. デザインマニュアル

あるべきデザインの具体を指示するデザインマニュアルに創造的な価値を見出すのは困難ですが，応急処置としての有効性，あるいは系統的雛型集として有益な場合があります．内外の若干の例を示します．

■ ウイリアム・ツーク(William Zuk)

　以下の方法論は，統計的に多くの人々の同意が得られるような評価を目指すもので，芸術家はこのやり方には賛成できないだろう．しかしこの方法によれば，胸を打つような美しい橋はできないとしても，世の中によくあるデザイン的に貧困なものよりはましなデザインを得ることができるだろう．ここでは，「良い・悪い」でなく「好まれる・あまり好まれない」という表現を使っている．一例を図3.11に示す．

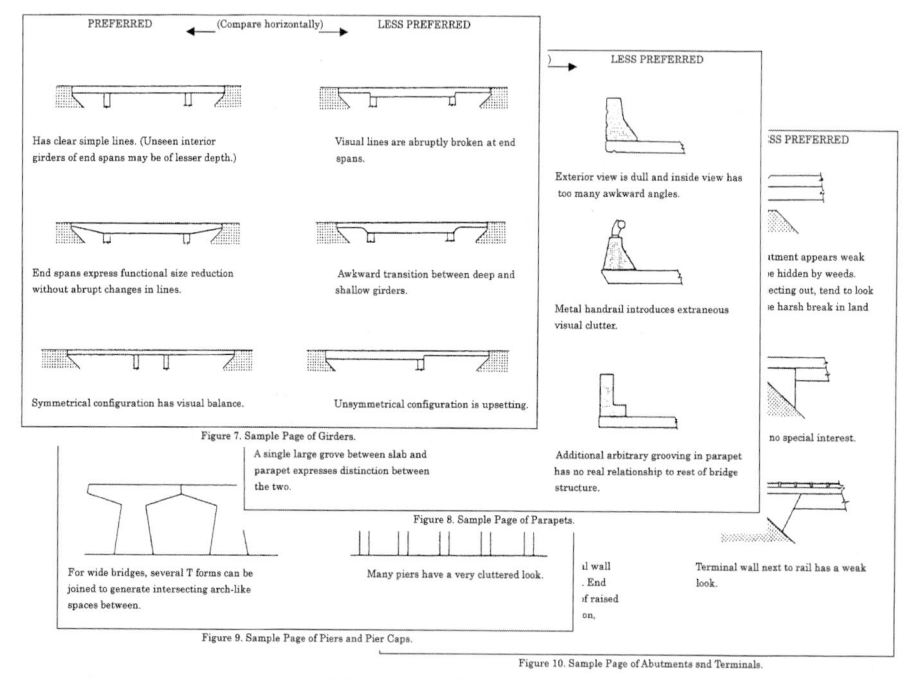

図3.11　ツークのマニュアル

■ 土木学会の『美しい橋のデザインマニュアル』

　わが国の土木学会が発行したもので，初版と第2集との2冊からなる．

　初版：マニュアルの意図をガイドラインとしての雛形構図集と位置づけ，景観のなかの橋，橋の形態，橋の色彩とテクスチュア，橋を対象とした景観図の作成手法，文献資料の章からなり，62項目の雛形構図と解説がなされている．

　第2集：初版の延長上にあるものであるが，橋のデザインの基本概念として連続性をとりあげ，橋桁の連続性，桁と橋脚の連続性，桁と橋台の連続性，排水設備と橋体の連続性，遮音壁，その他の付属物の章から構成されている．

(2) 個体美に関する筆者のチェックポイント

以上略述した先人の考え方には，同意できる点もできない点もあるでしょう．次に，ここでは特に橋の個体美を整えるために，筆者が信条としているチェックポイントについて述べます．

a. 好みと美は別もの

すでに何度か述べましたが，審美眼とは個人の趣味や感傷的好みを超越したところに存在する高度な知覚であり，資質に恵まれるか相当の訓練を経ずしてはもちえない能力です．美を評価するこの能力は美を創造する能力とは別のもので，独立した一つの専門分野です．だから，絵の描けない美術評論家や，ピアノを弾けない音楽評論家等が存在しうるので，いわゆる目利き・鑑定士の仕事ぶりと似ています（図 3.12）．

一方，作者側に要求される能力は審美力と創造力の双方です．自分の能力一杯に，自分なりの審美眼で自己評価しつつ創造していれば，方法論としては間違っていませんので，審美力の訓練次第では一定以上のデザイン結果に到達できるかもしれません．しかし，同一物ではないにしても，審美眼が趣味や好みの延長上にあることは間違いなく，ここに誤解が生じやすい原因がありそうです．設計者は自分の趣味や好みを審美眼と混同することなく，基本的には両者を分けて考える癖をつける必要があります．好みや趣味は，美を求める本能・美欲によるとはいえ，本能によるだけで数十年の時間に耐えうる洗練された美が得られるとは限りません．本能の覚醒も大切ですが，趣味の洗練訓練が同様に必要です．洗練を避け，むしろ自己の感性のおもむくままに自由に創作するのは大変魅力的ではありますが，芸術分野においてはともかく，公共物のデザインにあっては不適切といわざるをえません．

好みや趣味のいい人というのは，訓練もしくは資質によって所定の審美眼を獲得した人のことをいいます．その場合，その人の好みや趣味は，固有の美意識，美における個性として，いわゆる作風を形成します．

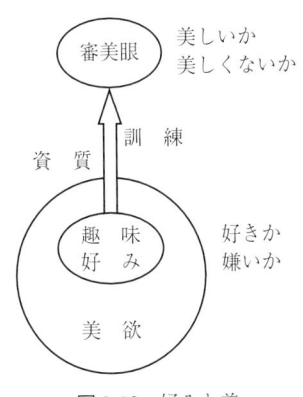

図 3.12 好みと美

b. 不経済な美は意味がない

　橋などの公共土木施設は，いくら美しくてもそれが不経済であっては何の意味もありません．これは，美しさは金をかけなければ得られないものだが使いすぎてはいけないという意味ではなく，金をかけることによって求める美は公共施設の美として不適当である，という警句です．ここには「公共土木施設のあり方」と「経済性とは」という二つの問題が含まれています．

　公共土木施設のあり方については，経済性の重要さなど再三述べましたが，ここでは生産的な面から考えます．橋を例にとると，架橋点が100か所あれば100か所とも架橋条件が異なるのが常で，道路線形，地形，地質など，これらのすべてが一致することは皆無といえます．つまり，橋などの公共土木施設は同型の大量生産品ではなく，基本的に一品主義の誂え生産品です．類似の現場にはある程度の標準設計化が可能になりますが，その標準設計といえども誂え生産の一つの選択肢です．さらに，一品生産でありながら量産システムのもとで生産される，ということも重要な事実です．

　たとえば，どこの鋼橋工場にも鋼板を自由な立体曲面に打ち出す機械や，人の入れない狭い空間内を自由に溶接するロボットなどありません．それは，技術上の理由ではなく経済的な理由でそうしているのであり，これが量産システムです．設計者は常に生産・製作の方法を考慮し，通常のシステムで生産しやすい形，少なくとも生産可能なものをデザインしなくてはなりません．相当の費用をかければどんな難しい形も何とか生産可能でしょうが，公共物である限りそうして得られたものはいくら美しくても意味がありません．つくりやすさと美しさの両立は，この種のデザインの必須要件の一つです．

　経済性については，建設費と維持管理費の生涯投資額の多寡で判断されることが多く，耐用年到達時の撤去費を加えるのが精一杯のところでしょう．しかし，この方法は直接的金額を勘定しているだけであって，真の経済性評価とはいえません．材料の生産・加工・運搬・廃棄等に伴う環境への負荷量，あるいは快適性や美観の付加価値など，考慮すべき評価項目は他にいくつかあります．ただ，これらの金額的数値評価が困難なため方法論が確立していないにすぎず，現状においては直接的金額のほかに少なくとも「快適性・景観」と「地球環境への影響」を評価指標に加え，直接的金額増分10～15％程度の範囲内で最適案を選ぶのが現実的な評価方法ではないでしょうか．地球環境への影響については，第4章4.2の記述を一つの参考にして下さい．

c. 構造物デザインは芸術ではない

一般に，芸術とは美の創作・表現を意味します．筆者の定義では，美術・音楽・舞踊などの芸術はもっぱら美を追求するもので，他の目的をもちません．陶芸も造形芸術に含められますが，花器や美術的オブジェ等を対象にする場合に限られ，食器などの実用品を対象とする場合は芸術とはいいません．自動車や衣服のデザインも，染色・刀剣・大工などの伝統工芸も，芸術的であっても芸術ではなく技術です．古い時代における芸ということばは技を表し，アートとはいまでも技術と芸術の双方を意味するのでどうでもいいようですが，この分別は大切です．

建築物や土木施設のデザインも，芸術的といわれることはあっても芸術ではありません．同様にそれらのデザインや設計を行う人間も，他の素養が加わって芸術家たりうることはあっても，ベースは技術者です．もちろん発想におけるひらめきや美に対する憧れなどは必要としますが，根本的には修練を積んだ技術（職人技といってもいいでしょう）の延長上に到達できる実用物の美しさが私たちの求めるデザインです．構造物のデザインを行う者にとって，基本素養として技術が必要とされるゆえんです．

d. 構造技術はもろ刃の剣

デザインにおいて鋭気あふれる構造技術が不可欠であることはすでに述べましたが，それは同時に危険性もしくは無力性を併せもっています．

現在の構造力学・解析技術・材料・加工技術・施工技術等の構造技術は大変優れていて，いくらかの条件はつきますが，構造的に望ましい形態はあっても，構造的に実現不可能な形態はほとんど存在しないとさえいえます．この技術の優秀さに，コントロールを誤ったり欠いた場合の危険性と無力性が秘められています．構造技術は創造のために設計者や施工者が駆使する一つの道具であり，それ自体からいいものが自動的に生み出されるわけではありません．それを使う心があってこその技術です．

設計者は，いかに最新の構造技術を身につけようとも，それは必要条件であって，一定以上の美意識と造形力を伴わない限り，その技術を自ら社会のために生かすことはできません．美意識が不十分な場合でも構造センスが磨かれていればいい結果に到達もできますが，これも十分でない間は優れたパートナーに協力する立場をとり，自らを高める努力が必要です．造形力次第で構造技術はもろ刃の剣となり，いいものもそうでないものも生み出してしまいます．技術への通暁とともに審美的造形力が求められるゆえんです．

e. 全体形，および上部工
1) 構造システムの一貫性と調和

たとえば，橋長が大きくて物理条件が場所によって変化する場合など，部分によって異なる橋梁形式を用いることがよくあります．このような場合，構造システムの一貫性もしくは調和に注意し，図3.13(a)のようにちぐはぐな感じにならないようにする必要があります．これを避けるのに最も簡単なのは，図3.13(b)ように構造システムの一貫性を保つ方法で，スパン割りや構造高さが変化しても一つの形式だけで構成しますが，やや無難にすぎる嫌いがないではありません．複合形式を採用する場合はより注意が必要で，たとえば写真3.6は上路トラスをベースにした橋で，中央の航路部のみ桁橋として航路高を確保した例です．多分，下流側の既設鉄道橋(写真3.7)との調和を考慮してこのような形式が採用されたのだと思いますが，この橋だけ見ると景観的にはアンバランスです．複合形式の場合，主たる部分と従たる部分を定めることによって相互の形式が拮抗せず主従関係を構成するのが正攻法で，従たる部分の領域は大きく主たる部分の領域は小さくするのが常道です．また，従たる形式としてどんな形式とも相性のいいのは桁形式で，写真の例はこの意味でも，単独橋とすれば主従が逆転しているといえます．

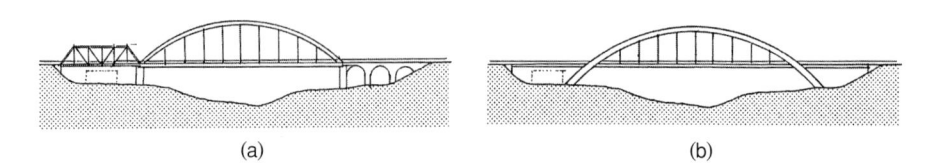

(a)　　　　　　　　　　　(b)

図3.13　構造システムの一貫性

写真3.6　上流側道路橋　　　　写真3.7　下流側鉄道橋

また，谷部に架かる上路式アーチ橋等においても，谷の斜面角度の違いによって側径間の形態にさまざまな選択肢が現れ，全体をきれいにまとめるために注意が必要です．斜面角度が小さい場合は，図3.14(a)のように側径間の領域が広がり，アーチ基礎と橋台の間にいくつかの橋脚を設けることによって補剛桁の高さをそろえることができます．側径間の橋脚スパンとアーチ部の支材間隔とを一致させることができれば，形は最もよく整いますが，必ずしも合わせる必要はありません．P点で構造を分けずに，全体を一つの系にまとめることが肝要です．逆に斜面角度が急峻な場合，自然と図3.14(b)のようにきれいにおさまるでしょう．この場合も，P点で構造が分かれないようにします．

　問題は斜面角度が中位の場合で，図3.14(c)のようにP点で構造が分かれ，補剛桁・主桁の高さが異なる例をよく目にします．施工性または経済的な理由から，アーチ基礎と橋台との間の斜面に新たな基礎を設けるのを避けたものです．経済的であっても，システムとして全体の調和に欠けていることがわかります．この場合，図3.14(d)のように斜め支材の採用によって側径間の領域を小さくし，全体を一つの構造系にまとめることができれば，経済性と力学的合理性を失わずにシステムの調和を保つことができます．

(a) 斜面が緩やかな場合　　　　(b) 斜面が急峻な場合

(c) 斜面角度が中位の場合1　　　(d) 斜面角度が中位の場合2

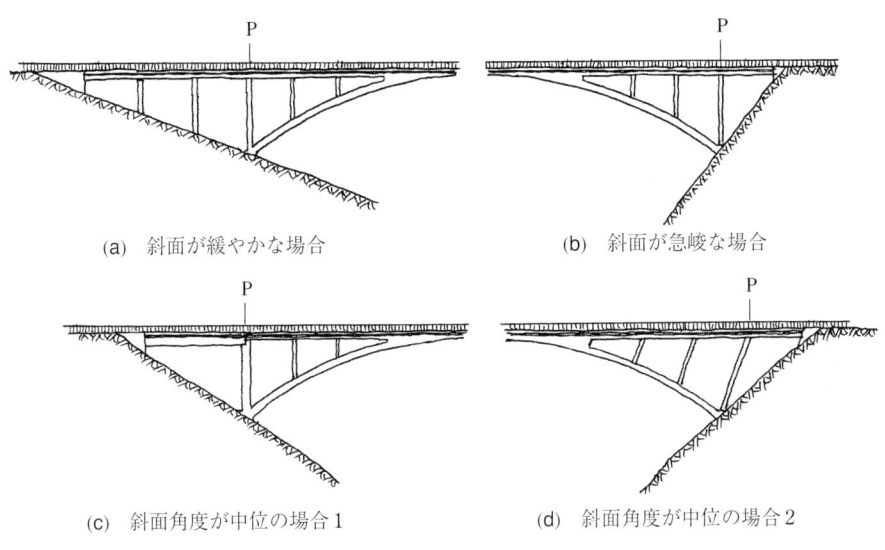

図3.14　上路式アーチと斜面角度

2) 全体と部分

前項と同様のチェックポイントですが，一つの橋において全体形だけでなくどの部分においても，バランスが破綻しないよう注意する必要があります．

たとえば，ある河川橋梁の例で，写真3.8～写真3.10に全景，主たる河道部分，従たる高水敷部分を示します．背後に見えるランガー橋は隣接する鉄道橋です．主たる3径間連続桁は，スパン割りといい桁高変化の曲線といい，橋脚の形状に至るまでわが国有数の美しい桁橋です．しかし，接続する高水敷部分に目をやると，スパンと桁高の関係がややバランスを欠いていることに気づきます．これは，河道部分桁高との連続性を重視しつつ経済スパンを単純に組み合わせた結果と思われますが，全体の概観はよくとも部分単独のバランスが十分には満たされなかった例といえます．この場合，図3.15のように1～2スパンのすりつけ区間を設けることによって，全体においても部分においてもバランスを保ち，かつ経済性も損ねないのが一

写真3.8 橋梁全景

写真3.9 河道部分　　　　　写真3.10 高水敷部分

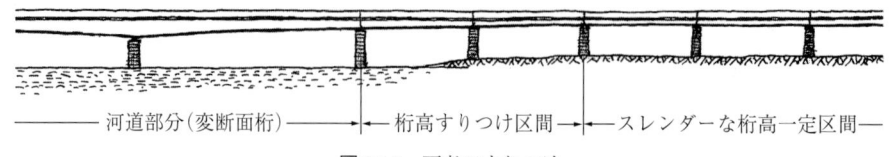

図3.15 両者のすりつけ
河道部分(変断面桁) ― 桁高すりつけ区間 ― スレンダーな桁高一定区間

つの実用的な方法です．何かに引きずられて形が決まる場合などの注意点です．

3) プロポーションとバランス

　同形式の橋であっても，スパン割りをはじめスパン長と桁高，スパン長と桁下高，桁高と床版跳ね出し長などのプロポーションの良否によって，全体の印象は大いに異なります．しかし，橋脚の設置位置や主部材寸法は，ほとんどの場合何らかの制約条件が課せられ，必ずしも思うようにいかないのが現状です．その点，比較的自由度があってデザイン的にも効果的なのは，床版跳ね出し長と桁幅もしくは桁高との関係，および桁高と橋脚厚との関係です．床版跳ね出し長は大きいほど橋に軽快感を与えます．床版形式や主桁形式との関係も大きく，一概にいいにくいのですが，一般には橋の総幅 B が 10 m 程度以下の場合 $B/3$ 〜 $B/4$ 程度，また少なくとも桁高以上とするのがいいようです（図 3.16）．

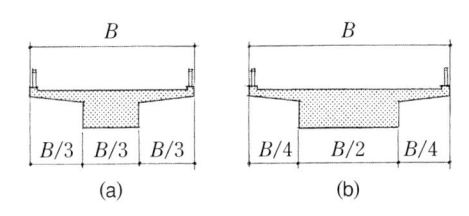

図 3.16　床版跳ね出し長と桁幅

　床版を大きく跳ね出すと，上部工自体を軽快に見せるとともに橋脚幅を小さくすることができるため，下部工もひいては全体形に軽快感を与えることができます．

　橋脚厚さは，橋脚高さとの関係や天端における支承のおさまりで決まることが多いものの，桁高とのバランスは非常に大切で，橋脚厚が大きすぎると鈍重な感じになり，上部工とのバランスが崩れます．また，構造形式や材料によっては相当小さくすることも可能ですが，小さすぎるとやはりバランスが崩れ不安感を与えます．写真 3.11 は，両端ピン形式によって柱を小径にしすぎたため不安感を与えている例です．一般には，図 3.17 に示すように全桁高 H の $1/3$ 〜 $4/5$ 程度の範囲に，大きくとも H 以下にするのがいいようです．

写真 3.11　柱が細すぎる例

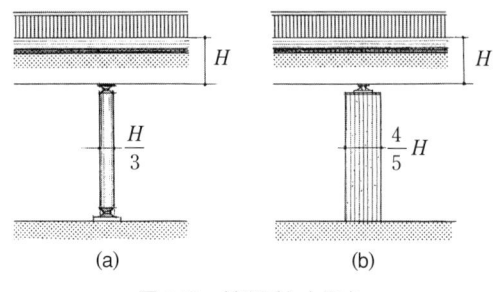

図3.17　橋脚厚と全桁高

4) 形のもつ勢い

　形には勢いのあるものとそうでないものとがあります．例外もありますが，一定規模以上の橋には概して勢いを与えたいものです．写真3.12の形態からは勢いを感じますが，写真3.13からはそれが感じられません．いずれも道路に凸型の縦断曲線がついている例で，前者はサイドスパンにおける桁下縁線が橋端に向かって跳ね上がっているため勢いある好ましい印象を与え，後者はその線が垂れ下がっているためだらしない印象を与えています．

写真3.12　勢いのある桁橋

写真3.13　勢いのない桁橋

　勢いは，力学的負荷を跳ね返そうという姿に最も強く現れるので，垂れ下がった形態よりは跳ね上がった形態や凸型形態にそれを感じるのです．
　もっとも，常に勢いがあればいいというものではなく，鉛直と水平の軸組からなる繊細で静かな木橋のたたずまいや，長大吊橋のケーブルがもつ重力に従ったもの憂げな雄大さにも得がたい味わいがあります（写真3.14，3.15）．

写真 3.14　静かな木橋のたたずまい 　　　写真 3.15　重力に従ったケーブルの形

5) 力の流れ・力のやりとり

　橋の構造形式や形態の有りようを工夫する場合，力の流れ・力のやりとりに配慮することが大変重要です．橋の自重や自動車荷重を力として滑らかに流し，部材から部材へも遠まわりすることなく順次素直にやりとりさせ，速やかに基礎構造まで伝達するのが構造の原則です．滞ることのない力の流れ，それは素人目にもわかる構造物の形となって現れます．たとえば図 3.18 は，アンバランスなスパン割りを構造と巧みに組み合わせ，流麗な力の流れを得た好例です．通常なら，図 3.19 のように両スパンとも単純支持構造とするところを連続構造とし，ブレーストリブを

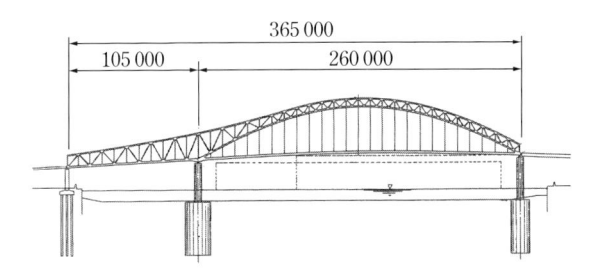

図 3.18　形に現れる力の流れ

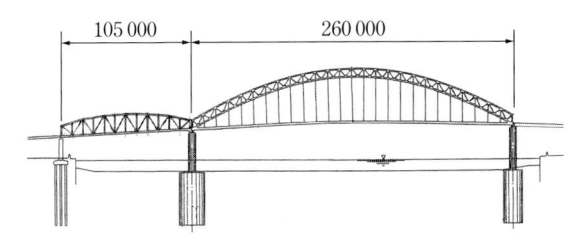

図 3.19　通常の案

3.5　造形のチェックポイント

用いることで力感あふれるトラスの非対称美を実現したものです．小スパンを左右にもつ，対称形の 3 径間橋を出発点としたアイディアと察せられます（図 3.20）．

　また最近，桁形式の途中にローゼ形式を組み込んだ橋が散見されます．連続支持形式の場合は力学的合理性を説明できる形式ではありますが，単純支持形式（図 3.21）にあっては曲げモーメントの形から合理的とはいえず，視覚的安定性にも欠けます．アーチ基部においてダイナミックな弧状の方向性が途絶え，アーチリブから橋台に至る力のやりとりが素直に感じられないからです．このような形式は，隣接する既存アーチ橋とのダブルシルエットに配慮するとき（写真 3.16）など，特殊解

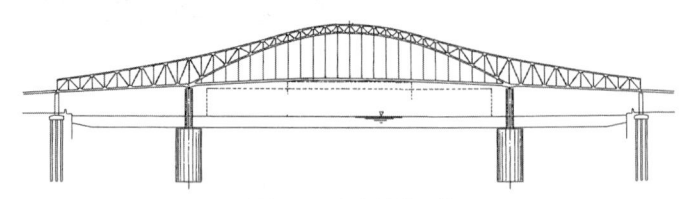

図 3.20　左右対称の橋

図 3.21　力の流れが不自然に感じられる橋

写真 3.16　特殊解としての同形式橋

として用いるべきでしょう．

　同様のことは上部工と下部工の接点においてもいえます．たとえば変断面桁で，図 3.22 のように桁幅より橋脚幅が小さい例があります．主桁内に横桁を内蔵した形式で，構造的には何ら問題はないし，真横からの見えも悪くありません．しかし，斜めから見ると主桁の最大断面部が橋脚中心からずれてしまい，上部工と下部工の力のやりとりが視覚的に捉えにくく，不安に感じます．図 3.23(a) のように主桁幅を絞って橋脚幅に一致させるか，図 3.23(b) のように主桁を等断面とすればこの点は改善されます．

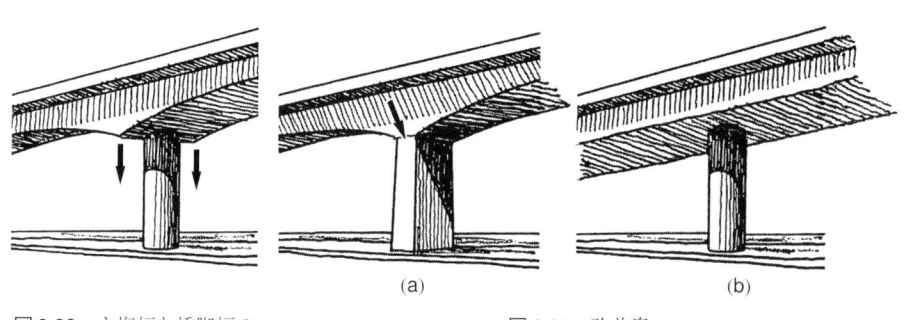

図 3.22　主桁幅と橋脚幅の不一致

図 3.23　改善案

6) 形のもつ品格

　下路式のバスケットハンドル形アーチ系橋，あるいは斜張橋やモノケーブル吊橋における Λ 形タワーなど，主構を内側に傾斜させて抱き合わせることがあります（図 3.24）．このように三角形に閉じる形式は構造的には大変安定がよく，規模の大

(a)　バスケットハンドル形アーチ

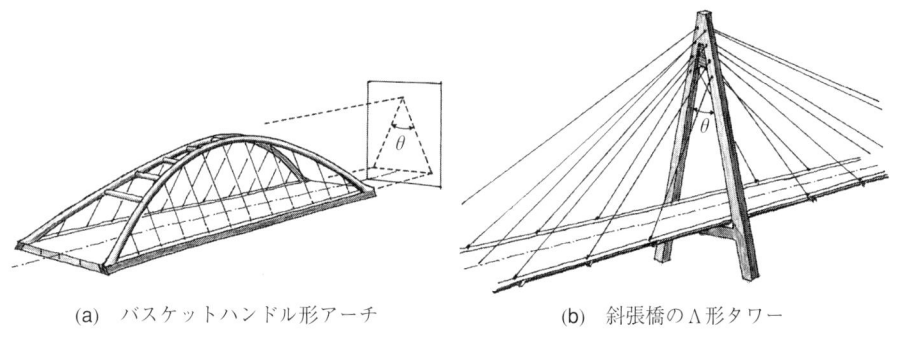

(b)　斜張橋の Λ 形タワー

図 3.24　傾斜する主構

3.5　造形のチェックポイント

きな橋によく用いられます．三弦トラスも同じ理由で用いられる形式です．

注意したいのはこの主構の傾斜交差角度 θ で，これが適度に鋭いと一種の品格を感じ，鈍いと品を失います．この限界の角度は導かれる視線の方向によって異なり，視線方向は構造形態によって決まるようです．バスケットハンドル形アーチは頂点のみが接し，トンネルと塔の中間的構造ですが，45°くらいまでなら押しつぶされた感じはしません．

Λ形タワーの場合は視線が真上に誘導されますが，すらりと伸びた脚線美を連想するためか，θ は30°程度を超えると品格を保つのが困難です．θ はスパンの関数である構造高さと道路幅や建築限界によって決まるので，この角度も形式決定の参考にすべきです．Λ形タワーの場合はさらに折れ曲がりの問題が付加されます．開いた脚がそのまままっすぐ地表まで伸びればいいのですが，基礎を小さくしたいという願望のために内側に折り曲げることがよく行われます．タワー部材はまっすぐでも，橋脚をV形にすれば同じです．この場合，θ が小さければ問題ありませんが，少し大きいと極端に品格のない形になります．

写真3.17は θ が小さく折れ曲がりも

図3.25　フレーエ橋

写真3.17　名港西大橋

写真3.18　多々羅大橋

ない理想的なタワーです．写真 3.18 は折れていても θ が十分小さく品格ある例，図 3.25 は θ は大きくてもまっすぐなために品格を保った例です．写真 3.19，3.20 は結果としてやや残念な例です．

写真 3.19　事例 1

写真 3.20　事例 2

7) 贅肉のない形

写真 3.21 のように，部材が集まる箇所などに円弧を入れてまとめてある構造をよく見かけます．しかし，この円弧が大きすぎるといかにも贅肉がついた感じになり，力学的にも力の流れが不明瞭になります．写真 3.22 の円弧ハンチもややその傾向が感じられ，もう少し小さいほうがよかったと思います．特に贅肉のつきやすい部位は，バスケットハンドル形アーチ橋のアーチリブ交点付近，ラーメンの隅角部などの部材集合点です．

写真 3.21　大きい贅肉

写真 3.22　小さい贅肉

3.5　造形のチェックポイント

力学的に必要最小限の形と寸法を出発点とし，力の流れを円滑にする程度にとどめるのが賢明です（第2章2.5(2)j.参照）．

8) 減り張りのある形

写真3.23はある変断面連続桁橋ですが，桁高の変化の具合がいかにも中途半端で減り張りに欠けます．図3.26のように太いところはもっと太く，細いところはもっと細くし，きびきびした形にするのが理想です．

品格・贅肉・減り張りなどは人体の姿を思い浮かべ，股を広げて膝を曲げた不格好な形や肥満体にならないように注意すれば得ることができます．

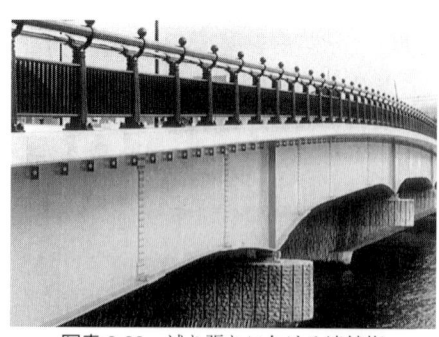

写真3.23 減り張りに欠ける連続桁

図3.26 改善案

9) 細い部材の消失効果

写真3.24は河川に架かるニールセンローゼ橋です．細いケーブルを用いるこの種の橋は，遠方から見たり曇天の日などはケーブルが視認しにくく，極端な場合にはほとんど見えないことがあります．斜張橋のように開いたシルエットをもつ構造ならさほどでもありませんが，ローゼ桁のように閉じた構造の場合，中央空間のケーブルが消失すると大変不安定に感じます．

このような場合，ケーブルを太くするかケーブル交点の結合金具を少し目立つように設計し，アーチリブと補剛桁が結合されていることを暗示すると安定感が得られます．

写真3.24 ケーブルの消失

10) 簡潔さ

写真 3.25 は岐阜山中のキャンプ場に架かる一種の木製トラス橋です．その辺で手に入る丸太だけを材料にし，加工が少なく，組み立てやすく，しかも力学にかなって無駄のない，簡潔な構造です．この小さな橋から感じる美しさは，素朴さとともに簡潔さにあります．同様に，簡素さゆえの美しさをもつ橋として写真 3.26 の石桁橋をあげることができますが，構造性において少し異なります．

写真 3.25　加子母橋

写真 3.26　行者橋

他の橋を例にとります．写真 3.27 は垂直材のない下路式ワーレントラスですが，腹部の斜材角度が一定で規則的なので，簡潔で機械的な印象を受けます．写真 3.28 は垂直材のない上路式ワーレントラスで，主構腹材間に対傾構が設けられているため異なる角度の部材が不規則に並び，大変煩雑に見えます．同様に，煩雑な例を写真 3.29 に示します．望遠レンズで撮った写真なので誇張されてはいますが，無秩序な感じが拭えません．

写真 3.27　簡潔なトラス

写真 3.27 は機械的で無味乾燥ではありますが，写真 3.28 や写真 3.29 よりは簡潔な点ではるかに優れています．しかし，トラスは不思議な形式で，簡潔いかんによらず，写真 3.30 のように古典的なものに言いがたい愛着を感じるのなぜでしょうか．

3.5　造形のチェックポイント

写真 3.28 煩雑なトラス　　　　　　写真 3.29 煩雑なトラス

写真 3.30 昔懐かしい鉄橋

11) ジョイント部

ものとものの接続部を，ここではジョイント部と表現します．周囲環境に対する

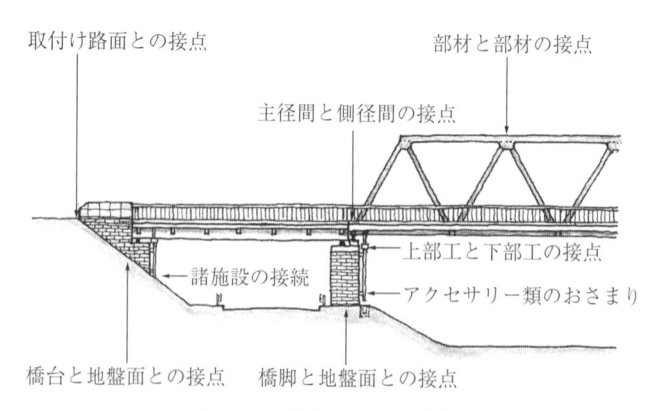

図 3.27 多くのジョイント部

下部工や路面等のおさまり具合，下部工と上部工の取合い部，部材と部材の接合部等々，構造物は無数の部材とそのジョイント部で成り立っています（図3.27）．これらジョイントの処理は，それが設計であるといってもいいくらい重要で，念入りな取扱いが必要です．取付け部への滑らかな交通の接続，周囲環境に対する違和感のないおさまり，あるいはダイナミックな力のやりとり等々が視覚的に明確に表現されていなければなりません．特に設計を対象部位別に複数のグループで分業するような場合，手落ちのないように相互のジョイント部に注意します．

12) 直線と曲線

変断面連続桁の主桁下縁線を直線のみで構成した例を図3.28(a)に，直線と曲線の組合せにした例を(b)に，ほとんど曲線のみで構成した例を(c)に示します．いずれの形もそれなりの味わいがあり，うまく使い分ければいいのですが，基本形は(c)の全曲線型です．断面急変部のないこの形は力の流れが滑らかで，見た目にも伸びやかな躍動感が得られます．この場合の曲線には放物線を使うのがよく，円弧はよほど半径が大きくないと滑らかな感じが出ません．特に直線に円弧をすりつけるのは接点が不連続に見えるので，避けたい形です．これはアーチでも同じで，できるだけ放物線にします．

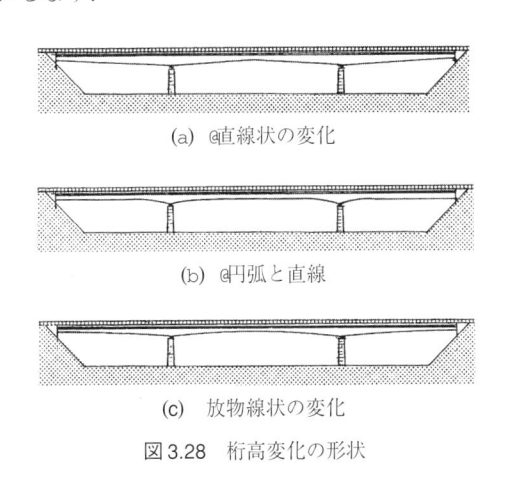

(a) ＠直線状の変化

(b) ＠円弧と直線

(c) 放物線状の変化

図3.28 桁高変化の形状

13) 擬態と模倣

何かに外観だけを似せ，実態はまったく別物であるようなものをここでは擬態と呼びます．いわばまがい物で，望ましいものではありません．たとえば図3.29(a)は，実態は単純桁なのに構造体の外観をアーチ状にしたものですが，アーチと単純

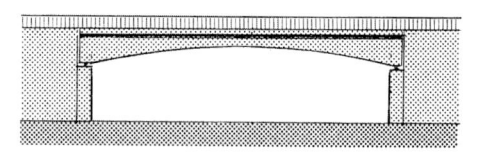

(a) アーチ形単純桁

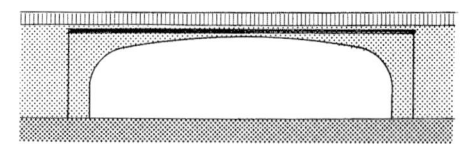

(b) ラーメンアーチ

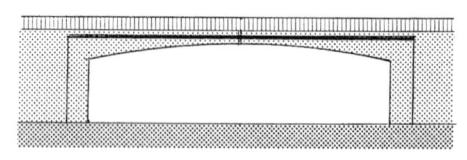

(c) 片持ち梁

図3.29 構造形式の擬態

桁では力学原理がまったく異なり，不自然です．アーチ形状が欲しければ，図3.29の(b)や(c)のように構造形式もアーチや片持ち梁にし，形式と形状が矛盾しないようにするのが合理的で，経済的でもあります．また，力学的に近似しているもの同士は外観も近似するのが自然で，ここでいう擬態関係は生じません．

次に模倣の問題です．時に，特殊な条件を解決するために特別な形態をしたものがつくられることがあります．特殊な条件とは主に物理的な立地条件ですが，設計者の美意識によるデザイン発現であることもあります．これらはその条件下，もしくは設計者個人の責任下においてのみ成立する特殊解であって，基本的には一般性をもちません．例をあげれば，近接施設との安全離隔を考慮してデザインされた二重アーチ橋（写真3.31），あるいは設計者のデザイン志向の結果である動物の骨格をモチーフにした構造（図3.30）

写真3.31 特殊解としての二重アーチ

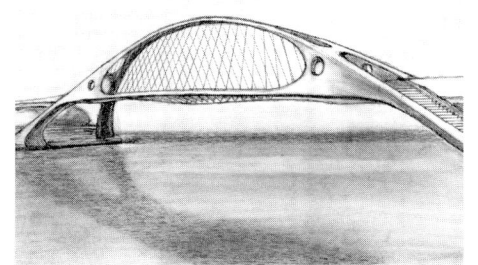

図 3.30　独創的な骨格状アーチ 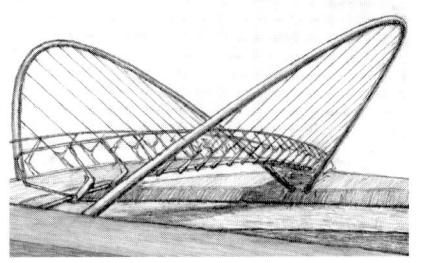　　　　　図 3.31　独創的なバタフライ形アーチ

や，バタフライ形アーチ橋（図 3.31，いうまでもなくこの形の由来を力学的合理性からは説明できません）などがあります．これらはいずれも工学的な理由があったり，設計者の責任ある独創性に基づくもので，ただ結果だけを真似ることは避けるべきです．特にデザイン的動機の強い例を参照する場合には慎重さが必要で，それが自分のデザインに直接的に投影しないように注意すべきだと筆者は考えます．写真 3.32，3.33 はいずれも最近完成した橋で念入りにデザインされていますが，この点に関する考え方の相違が感じられる例です．写真 3.34 は上開きではあるものの蝶ではなく，掌の形から独自にデザインされたアーチ橋の例です．

写真 3.32　類似のアーチ

写真 3.33　類似のアーチ 　　　　　　　　写真 3.34　掌の形のアーチ

3.5　造形のチェックポイント

14) 形がもつ表情と二軸思考

同じ構造原理によっていても，デザイン上の意図によって形にはさまざまな表情をもたせることができます．ここまでに述べてきたことのほかに，たとえば都会的あるいは牧歌的な表情，動的あるいは静的な印象，明るいあるいは沈んだ印象，繊細あるいは重厚な印象等々です．これらの表情を検討する場合，重要と考えられる二つの印象軸を組み合わせる方法をとると，思考の整理に便利です．たとえば，都会・牧歌軸と繊細・重厚軸の座標によって形態，材料，あるいは色彩を絞り込む方法です．

f. 下部工

1) 積み木構造

支承のある上部工を，下部工の上に単純に載せる構造は最も一般的で，施工性や経済性には優れた方法です．しかし，わが国の高架道路の標準形式ともいえるT形橋脚に単純桁を載せる形式（写真3.35）は，その耐震性の貧弱さを兵庫県南部地震ではっきり証明されてしまったし，橋脚形状がそもそもデザイン的に稚拙で好ましくありません．上部工は連続構造を採用するか下部工と一体化するなどし耐震性を上げ，橋脚は条件の許す限り形を洗練する努力が必要です．標準的なT形橋脚はどこでどう上部工を受けているのか不明瞭で，したがって上部工との力学的一体感が感じられないのが欠点です．

原理的にはT形でも，写真3.36のような形態も考えられますし，図3.32のような工夫をすれば，写真3.37のように緊張感ある形を得ることもできます．前者は上部工全体を支持していることがわかりやすく，形の上でも上下部の一体感を感じるし，後者は上部下部の接点における荷重の伝達が明瞭で，一般のT形橋脚にな

写真 3.35 T形橋脚による積み木構造

写真 3.36 柱状橋脚と連続桁の例

2本脚からT形へ

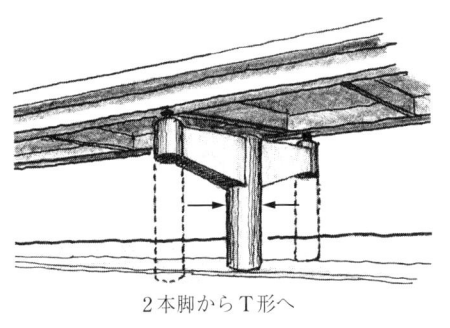

図 3.32　橋脚形状の工夫

写真 3.37　緊張感のある T 形橋脚

い緊張感を感じます．

2) 安定感

　下部工には特に安定感が必要ですが，橋脚において図 3.33(a)のように上から下へ向けてテーパーをつけた例がよくあります．上部工の桁幅と基礎寸法の関係で不可避的にそうすることもありますが，意識的にそうすることもあるようです．しかし，上より下のほうが細い橋脚は，特殊な条件下にある場合を除いて根本的に不安定な印象を与えるものです．図 3.33(b)のように下から上へ向かってテーパーをつけるのが基本です．

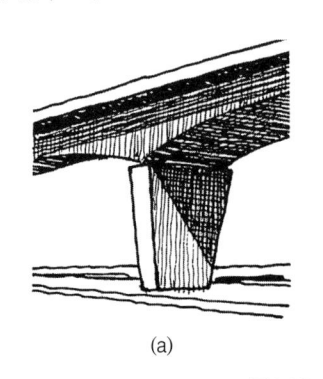

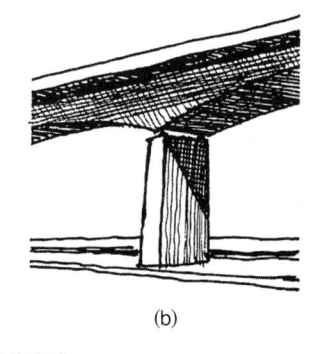

(a)　　　　　　　　　　　　(b)

図 3.33　橋脚の安定感

3) 緊張感

　上端に支承を設ける比較的細い橋脚や，上下にピンを設けるロッキングポストなどの細くくびれた支承部は，締まったくるぶしに似て力の集中を感じる大切な見所

3.5　造形のチェックポイント　　135

です．図3.34(a)のように，この部分に大きなカバーをかけることがよく行われますが，せっかくのこの効果が失われ，もったいないことです．図3.34(b)のようにこの部分を見せることによって，力を1点で受けている緊張感を表現したいものです．この例に限らず支承部やヒンジ部，あるいは部材の接合点などは，構造上もデザイン上も重要なポイントです．

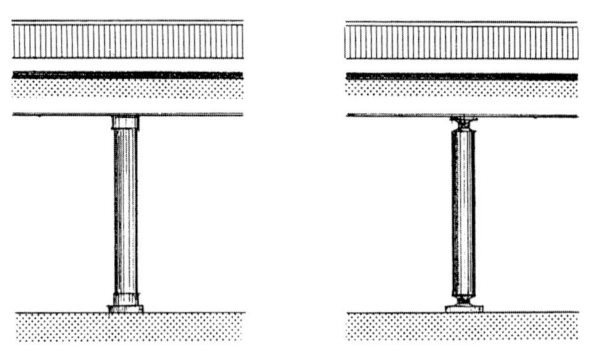

(a) カバー付きロッキングポスト　(b) カバーなしロッキングポスト

図3.34　支承部のもつ緊張感

4) 開放感

橋の究極の姿は，ただ1枚の路面のみにあるといえます．しかし，実際は路面を支える橋桁，橋桁を支える橋脚等が必要です．そこで，主桁はなるべく薄く，橋脚はなるべく細く，スパンはなるべく大きくという挑戦が始まりましたが，突きつめれば開放感への願望といえます．高架橋を例にあげると，図3.35(a)のように幅の広い壁式橋脚を並べるより図3.35(b)のように背景が見通せる柱式橋脚を採用するほうが，橋下に多くの空間を呼び込むことができ，開放感を得ることができます．

(a) 壁式橋脚　(b) 柱式橋脚

図3.35　橋下の開放感

5) 平面と曲面

　光と陰の効果は，光を反射する面と陰になる面が対峙することによって発揮されます．光の面から陰の面へ滑らかに変化する曲面は柔らか味を表し，二つの面が明瞭に対比される平面の折れ角は鋭さを強調します．

　橋脚の断面には円形か矩形を用いるのが一般的ですが，円柱(写真 3.38)は柔らか味の代償として立体感が失われやすく，四角柱(写真 3.39)は立体感の代償としてやや無骨な印象を与えます．その点，六角形や八角形の多角柱は間接光線のなかでも

写真 3.38　円柱橋脚　　　写真 3.39　四角柱橋脚　　　写真 3.40　RC 六角形橋脚

写真 3.41　鋼製八角形橋脚　　　図 3.36　十字柱の構成

3.5　造形のチェックポイント

立体感を失わず，かつ繊細な印象を併せもつ優れた形状です．写真3.40, 3.41に多角形柱の例を示します．コンクリート造の場合は比較的自由に形が得られますし，鋼構造においても一定以上の断面寸法があれば比較的容易に多角形断面を構成することができます．小断面においても建築で使われる十字柱の要領で，図3.36のように構成すれば可能です．これは写真3.41の構成を示したものです．

6) 光と陰

下部工は日光の直射を受けることが多く，写真3.42のように光と陰の効果を有効に生かすことができます．部材の主要な面の構成角度によって陰のつけ具合の基調をつくり，面取りや目地によって調子を整えます．効果的な角度をうまく使うことによって明瞭なコントラストを得，減り張りのある表情を与えることができます．さらに表面のテクスチュアを工夫すれば，反射率の大小や粗面の程度によってこの効果を高めることができます．

写真3.42　光と陰の効果

7) 地盤面へのおさまり

下部工は上部工の荷重を地盤へ伝えるものであり，橋台と地盤との接点はその機能からも外観からも大変重要な箇所です．橋台は，地盤のなかから生え出してきた印象にするのが機能とも一致して望ましく感じます．また，上部工と橋台のおさまりも大切で，通常の方法はシュー座の段の形状が橋台側面にそのまま表れ，ぎこちない印象を与えます（図3.37）．スマートな例を図3.38, 3.39に，ラーメン橋と地盤の好ましいおさまりの一例を図3.40に示します．

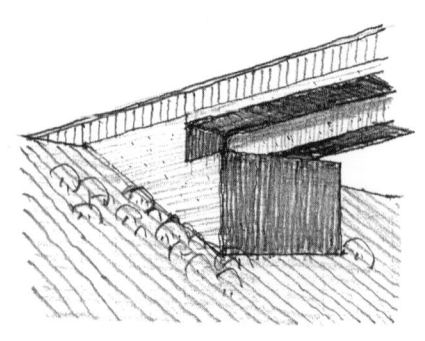

図3.37　ぎこちないおさまり

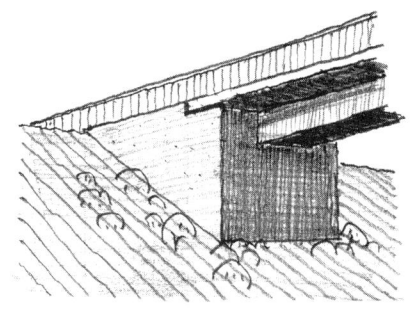

図 3.38　おさまりの例

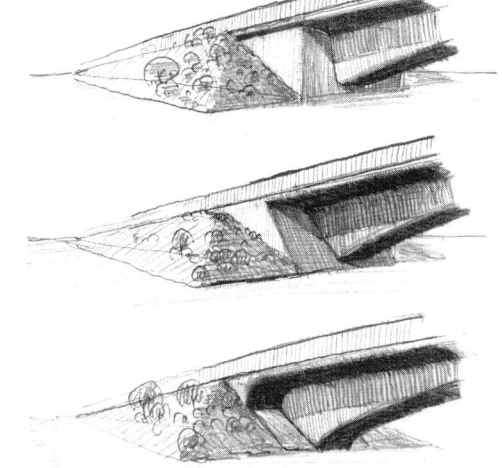

図 3.39　おさまりの例

図 3.40　おさまりの例

g. 付属物，その他
1) 構造ディテール

　構造ディテールは，案外遠くからでも目につく部位もありますし，近くに寄ればディテールが重要な見所にもなります．ディテールのよい構造はそれだけで設計者の力量が偲ばれ，橋を見る楽しみの一つでもあります．

　特に大切にしたいのは部材と部材の接点，なかでも吊材取付け部などのディテールと，下路橋の上横構の組み方などです．部材相互の接点では力の伝達が行われている形のけじめが欲しいし，通常目障りとされる上横構は逆に美の象徴になるような設計が望まれます．

　写真 3.43 に力の伝達が感じられないディテールの例を，写真 3.44，3.45 には好ましいディテールの例を示します．図 3.41 はレース状の繊細さをねらった上横構の試案例です．

3.5　造形のチェックポイント

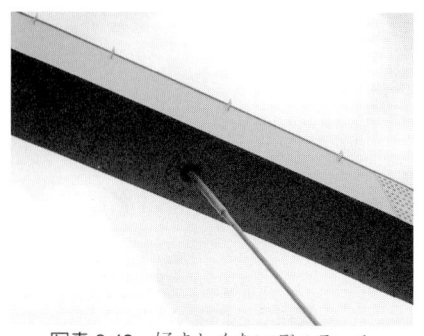

写真 3.43　好ましくないディテール

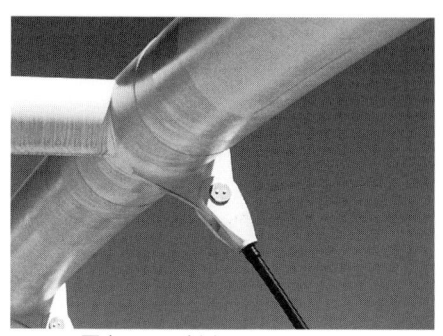

写真 3.44　好ましいディテール

写真 3.45　好ましいディテール

図 3.41　美しい上横構

2) ボルト継手

　鋼構造においてボルト継手を美観上好ましくないとし，現場継手においても溶接継手を採用し全溶接構造とする傾向が一部にあります．しかし，冶金的継手である溶接と異なり，ボルト継手は機械的継手であるところに構造的にも施工的にもメリットがあるのです．

　溶接構造は必ずいくらかの溶接残留応力をもっており，特に全溶接構造は力学的に過敏な状態にあるといえます．これに機械的継手を混用することによって一種のあそびが生じ，緊張は緩和されます．また，万が一鋼板にクラックが発生した場合でも，ボルト継手があればその位置で伝播は止まります．現場の施工上も溶接よりボルト接合のほうがはるかに容易で確実です．

　これらの工学的効能に加えて，ボルト継手がもつメカニカルで力強い印象にも視

覚的魅力があります．橋の形式や継手部位にもよりますが，プラスのデザイン効果を生かすべく積極的に用いるべきです．

3) 排水管

橋の排水管は，メンテナンス上はなるべく曲げずに橋脚や橋台の表面に設置するのが望ましいのですが，写真 3.46 のように著しく美観を損なうことが多いものです．下手に角曲げするとメンテナンスに不便なだけでなく，詰まりやすくもなります．管径も 150 mm は必要ですからよく目立ちます．

この問題の解決には二つあります．一つは縦樋を橋脚等の内部に設置する方法で，管をステンレスまたは亜鉛メッキガス管などじょうぶな管にすれば漏れの心配もなくなります．もう一つの方法はじょうずに外側に設置してデザインする方法です．写真 3.47 は建築の例ですが，縦樋を外側に並列させデザイン要素にしてしまったもので，橋にも応用できそうです．

写真 3.46　美観を損なう排水管

写真 3.47　露出排水管のデザイン例

4) 上　屋

歩道橋などに上屋を設置する場合，橋の印象は上屋のデザインで決まってしまうことが多いものです．上屋は建築基準法の対象でもあり，土木構造物に理解のある建築家に全体計画から相談するのがいい方法です．また，上屋のデザインは橋本体のデザインと一体的に扱うべきなので，橋本体のイメージについてもその建

写真 3.48　上屋付き歩道橋

3.5　造形のチェックポイント

築家と議論する必要があります(写真 3.48).

決して,注文もつけずにすべて外装メーカー等に委ねるような方法はとらないで下さい.

5) 装飾・化粧材

装飾や化粧に頼ることなく,構造体そのものが本来内蔵している機能的または力学的な美しさを引き出すのが構造物デザインの基本姿勢です.建物と一体的に計画される橋など特別な場合を除いて,橋体全面に化粧版を貼ったり装飾を施すのは避けるべきです.高欄や親柱等を,何かにちなんだ形にしたり,何かを意味する生の図柄やレリーフをはめ込むなどの安易なデザインも避けます.特に必要のあるときも生々しい図柄を用いず,文様として抽象化するなど美的に高めたものを用います(写真 3.49).桁に化粧カバーをつける場合も,写真 3.50 のように,なるべくルーバー状のものか,つや消し版にして構造体の形を暗示し,光を反射する化粧版による画一的な全面被覆は避けるのを原則にします.光を反射する広い化粧版は凹凸が目立ち,道路上の事物をざわざわと写し込んで煩雑な印象を与えるからです.構造

写真 3.49 抽象化された美しい高欄文様

写真 3.50 構造体を生かした外装版

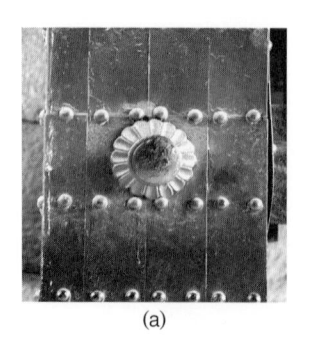

(a)

(b)

(c)

写真 3.51 釘隠し的な装飾

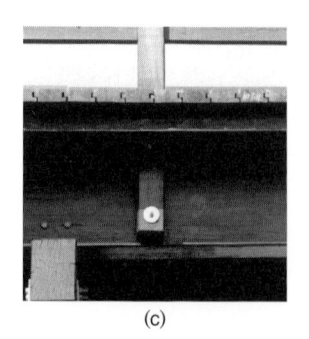

142　第 3 章　構造計画の実際

体の装飾として好ましいのは，ファスナー部等にポイントとして控えめに施す，いわば釘隠し的な類です(写真3.51)．

　設計者独自のデザイン意志の発現に関する注意も，前項と同じです．

6) 水平と鉛直

　縦断勾配のついた道路において，図3.42のように高欄束柱や防音壁の柱の方向が勾配直角につけられているために，錯乱した印象を受ける例があります．屋外の施設の場合は無秩序感ですみますが，閉鎖的な横断地下道に縦断勾配がついている場合，側壁のタイル仕上げが勾配なりに貼られていると水平感覚が混乱し，平衡感覚さえ失います．このような場合，どこかに水平・鉛直を示すものが必要で，柱や縦目地の方向は鉛直にするのが原則です．

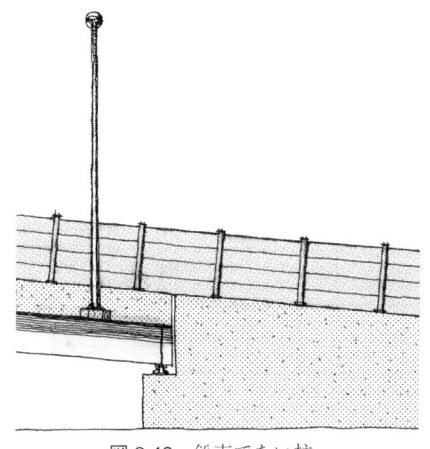

図3.42　鉛直でない柱

7) エッジ

　物体の端(エッジ)は造形的に重要です．これには部材単位のエッジと構造物全体の縁取りとしての二つの意味があり，近景では前者が，中景以遠では後者が重要です．部材エッジの一般的処理方法は面取りですが，柱などによく用いられ箱形鋼部材はコーナー外面を平滑に処理するのが普通です．しかしこれは，部材が中空であるだけに骨格的な力強さを感じることができません．このような場合，写真3.52のように鋼板を少し突出させて板の厚さを示すなら，断面の構成を暗示するとともに力感ある引き締まった印象を得ることができます．この場合，突出させる板の厚さが重要で，一定以上の厚さをもたせないと十分な効果はありません．構造物全体の縁取りとしての働きは，構造物の端部，特に高欄や遮音壁などの上端が果たします．これらは観察者が橋上にあるときは部材のエッジとして作用しますが，中景以遠から眺めると構造物全体の縁取りとして作用します．全体のエッジを背景にぼんやりと溶け込ますことも一つの方法ですが，一般には全体のボリュームに応じたサイズの明瞭なエッジをつくり，構造物の輪郭を印象づける方法が無難です(写真3.53, 3.54)．

写真 3.52 板厚を見せる部材エッジ

写真 3.53 背景に溶け込むエッジ処理

写真 3.54 明確なエッジ処理

8) 耐震連結装置

　写真 3.55 はお馴染みの耐震連結装置ですが，あまりにも無神経なつけ方で，せっかくの高架橋のデザインを台なしにしてしまっています．この例は供用開始後に補強工事として取り付けたもののようですが，高架橋の構造形式と連結装置そのものに問題があります．連結装置が必要なのは端部支持点に限られるのが原則で，できるだけ多径間の連続構造を採用して装置必要箇所を減らすのがまず基本です．次に，装置そのものの形状と取付け方は，構造上の要件をただ満たせばいいというものではなく，人々に不安感を与えないよう，目立た

写真 3.55 無神経な連結装置

ないよう，細心の注意を払うのが設計者の義務です．供用中の構造物にこの類の装置設置の設計を行う場合は特に困難を伴いますが，桁の内側に，なるべく小型の装置を選んで取り付ける工夫が必要です．

9) 橋上植栽

橋の上は空中の人工地盤であり，このような場所に植栽を施すこと自体，写真3.56に見るように不自然ですし，植物の生育条件からも適した場所とはいえません．したがって，橋上植栽は基本的に避けるべきで，何らかの理由で橋上に植栽を施さなければならない場合でも，つとめて笹などの地被系植物か，せいぜいツツジなどの玉物程度に限定し，不自然さを最小限にとどめます．植栽は，写真3.57のように橋詰めや橋周辺の地盤面に施してこそ魅力的な空間づくりが可能で，橋そのものは人工に徹するのが原則です．

写真 3.56 不自然な橋上植栽

写真 3.57 橋周辺の自然な植栽

10) 色彩

色彩は形態やテクスチュアとともに物体がもつ大きな視覚的属性の一つで，教科書では色彩の3要素として明度，色相，彩度があげられ，解説されています．しかし，構造物デザインにおいては色相と彩度が色彩であって，明度は色彩ではなく形態の一部と見なすほうがいいと筆者は考えています．構造物デザインにおいて最も重要なのは形態であり，その形態とはもちろん輪郭のみではなく立体的な形態を指します．立体的形態は陰影を抜きにしてはありえず，陰影は明度の差として最もよく表されます．また遠方にあって判然としないものでも，明度が大きければ形を認識することができます．特にわが国は，山紫水明の国といわれるとおり湿度が高く，明度は別として，色相や彩度が鮮明に認識される風土でもありません．これらのことから，構造物デザインにとっては形態と明度がまず重要で，テクスチュアや色

相・彩度はそれらに従属するものと考えていいと思います．したがって，設計者が構造物の色調を厳密に数値指定するのはあまり意味がなく，明度と大略の色相を指定すれば，詳細は関係者の好みに委ねても差し支えありません．

第4章 参考資料
── 事例・環境・スケッチ

　本章では，第3章までの本文で示しきれなかった事例や，設計のさまざまな段階で作成したスケッチの例を，参考資料として収録します．スケッチはいずれも筆者の描きためた設計用スケッチブックからとったものです．また，やや唐突ではありますが，土木工事が地球環境に及ぼす影響の大きさに鑑み，設計と環境負荷についてわずかな記述と提案を加えています．このまま地球温暖化が進めば，いずれ人類存続が危機に瀕することは明らかで，土木設計にもその対策を講じることが急務と考えます．

4.1 さまざまな形

　形のあるすべてのものは良かれ悪しかれ形の理由をもっており，さまざまな形の理由と特徴を知ることは何かの形をつくる場合に大変参考になります．そのようないくつかの形と，併せて若干の仕上げ材の例を示します．

(1) 工作物・自然

写真 4.1　安乗埼灯台．矩形断面の灯台．休むことなく重大な使命を果たしている

写真 4.2　城郭石積み．敵の侵入を拒みつつ力学に従う，流れるような曲線

写真 4.3　寺院建築木組み．片持ち梁として屋根荷重を支える優美で力強い木組み構造

写真 4.4　電車線ケーブル定着装置．常に一定張力を作用させつつ定着する，単純巧緻な仕掛け

写真 4.5 木製ジェットコースター．要素の繊細さと全体が構成する圧倒的な量感が感動を呼ぶ

写真 4.6 樹木．カンチレバーの柔構造．生長とともに造形の妙を示す

(2) 珍しい橋

写真 4.7 夢洲舞洲連絡橋．タグボートで旋回できる旋回式浮体橋，橋長 410 m

写真 4.8 四万十川沈下橋．出水時に水没する沈下橋．流線形の橋体が形のすべて

写真 4.9 金辻橋．桁を吊材で補強するランガー桁の原型を示す木橋

写真 4.10 茶屋町煉瓦アーチ．側面煉瓦の凹凸は意匠ではなく複線化のためのキー

4.1 さまざまな形

写真 4.11 流れ橋（上津屋橋）．出水で流れたところ．ワイヤー付きなので回収できる

写真 4.12 なみはや大橋．線形の関係で見る角度によっては不思議な形が表れる

(3) 高欄・柵

写真 4.13 伝統的木造高欄．架木，平桁，地覆，水繰り，束等からなる擬宝珠高欄

写真 4.14 四ツ目垣．遮蔽効果の少ない簡単な垣根．領域を示す一種の標識

写真 4.15 金閣寺垣．四ツ目垣から発展した垣．低いがしっかりしている

写真 4.16 龍安寺垣．四ツ目垣から発展した垣．扁平な菱形格子が特徴

写真 4.17　鋳鉄製格子高欄．斜め格子をパネル化し，束柱に縦型照明を内蔵している

写真 4.18　鋼製格子高欄．イギリスの古風でおしゃれな高欄．飾り金具が美しい

写真 4.19　ステンレス金網高欄．細いステンレス格子で透過性を高めたモダンな高欄

写真 4.20　アルミ製縦型高欄．縦バラスターだけで構成された端正な高欄

写真 4.21　壁式高欄．ボリューム感があり，橋の外観にも強い影響を与える

写真 4.22　ガラス高欄．清掃を要するが透明感ある高欄．適応性の高い形式

4.1　さまざまな形

(4) 床仕上げ

写真 4.23　伝統的甎(せん)仕上げ．甎の四半敷き．一種の焼成瓦を斜めに敷き込む禅宗系の仕上げ

写真 4.24　伝統的敷石．土と苔と石が柔らかく心が安まる．一歩一歩踏みしめる楽しみ

写真 4.25　木塊仕上げ．防腐剤を注入した木塊を埋め込んだもの．摩耗と腐食に注意

写真 4.26　敷き板仕上げ．根太で下地から浮かせて敷き板を張る．降雨時の滑りに注意

写真 4.27　石張り仕上げ．摩耗に強い石材を選び，ある程度の表面粗度をつける

写真 4.28　タイル張り仕上げ．吸水性の小さいせっ器質か磁器質を用いる．無釉が滑りにくい

(5) 壁仕上げ

写真 4.29 長手積み煉瓦壁．構造厚の小さな花壇などに多く用いられる．半枚積みともいう

写真 4.30 ドイツ積み煉瓦壁．小面積みともいい，円形壁体に多く見られる積み方

写真 4.31 イギリス積み煉瓦壁．切りものが少なく経済的．似た積み方にオランダ積みがある

写真 4.32 フランス積み煉瓦壁．切りものが多いが，外観が好まれる．フレミッシュ積みともいう

写真 4.33 石張り壁仕上げ．花崗岩湿式工法の例．引き金物で石と下地を固定する

写真 4.34 タイル張り壁仕上げ．後張りの例．床・壁ともに適切な位置に伸縮目地を設ける

4.2　地球環境への負荷

(1)　概　要

a.　温室効果ガスと地球温暖化

　地球は太陽から多大な熱を受けていますが，宇宙空間への放出と大気中に存在する CO_2 等の温室効果ガスによって熱バランスがはかられ，平均気温は約 15℃ に保たれています．しかし，石炭の大量消費が始まった産業革命以後大気中の CO_2 は約 30 % も増え，その温室効果によってこの 100 年で 0.3 ~ 0.6℃ の気温上昇がもたらされ，その結果 10 ~ 25 cm も海面が上昇しました．そして，このまま CO_2 の排出が続くなら，今後 100 年間における平均気温の上昇は 3.5℃ 程度に達すると見込まれています．

　温室効果ガスは，二酸化炭素(CO_2)・メタン(CH_4)・亜酸化窒素(N_2O)・ハイドロフルオロカーボン(代替フロン HFC)・パーフルオロカーボン(代替フロン PFC)・六フッ化硫黄(SF_6)の 6 種類とされています．このうち CO_2 が最も温暖化を促すうえに他のガスもこれに連動することが多いため，CO_2 を指標に対策が講じられつつあります．専門機関のデータによると，CO_2 排出量は自然界の吸収力をはるかに上まわり，年間 33 億トンもが大気中に蓄積され続けているとされています(図 4.1)．

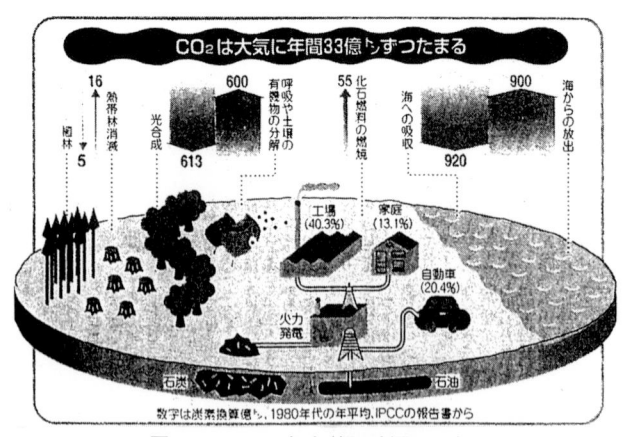

図 4.1　CO_2 の収支(朝日新聞より)

b. 地球温暖化の悪影響と対策

そもそも46億年に及ぶ地球の歴史上，地球環境は表面マグマの灼熱の時代，海の誕生，相次ぐ巨大隕石の落下，猛烈な火山噴火等々，劇的な出来事によって今日に至るまで激しく変化してきました．この間，数回の生物大絶滅を繰り返し，大気組成もさまざまな原因で大きく変化してきました．現在のような空気組成になったのはそれほど古いことではなく，いまから3,4億年前，石炭紀と呼ばれる時代を経た後のことです．石炭紀に陸地を覆わんばかりに繁茂した巨大なシダ植物は，空気中のCO_2を自らの体内に炭素として固定して地中に埋もれ，今日の石炭に姿を変えました．石油の成因も植物由来説が有力だそうです．これら化石燃料に閉じこめられたCO_2の量は莫大で，それまで高濃度だった大気中のCO_2はこの作用によってほぼ今日の濃度にまで下げられたといわれます．このように石炭や石油は過去の地球大気のCO_2を大量蓄積した結果として存在し，炭酸ガスの化石とまでいわれるゆえんです．そして，人類の祖先が誕生したのはほんの数百万年前のことです．

人類が産業革命以来行ってきた代償行為を伴わない化石燃料の一方的大量消費は，太古の植物が何億年もかけてせっかく地中に閉じこめた莫大なCO_2を再び大気中に解き放ち，その高遠偉大な作業を水泡に帰しかねない無謀な行為ともいえます．このことは温暖化だけでなくオゾン層の破壊や酸性雨など，地球規模の環境悪化としてもすでに人類に応報しつつあります．今後地球の平均気温が数度上昇すると海面上昇は100cmを超え，陸地面積の減少，気候変動，砂漠拡大，農作畜産物の収穫量減少，産業への悪影響，エネルギー利用量の増加，公害被害増大等々，はかりしれない悪影響が予測されます．惑星が歴史としてたどる宇宙の摂理による絶滅なら抗しようもありませんが，現代人類の短絡的な行為によってこんなに早々と自らの存続を危うくすることはあまりにも残念です．

そのことが地球的重要課題として認識された現在，エネルギー源の変換をはじめCO_2やCH_4等の排出抑制や，排出してしまった有害ガスを吸収除去する方法など，各種の研究や施策がとられつつあるようですが，まだ世界共通の危機認識には至っておらず，足並みがそろってはいません．私たちが私たちの分野でまず行わなくてはならないことは，建設工事に伴うCO_2の排出を極力抑えることと，上記の研究や施策に資金面などで協力することではないでしょうか．わが国の土木建築界においても地球環境への影響を評価指標に加えた設計法が研究され，一部で実用化されつつあります．橋の設計においても，今後重要な視座として具体的に考慮していく必要があります．

(2) 建設工事と CO_2 排出量

a. 排出 CO_2 単位量

建設に用いる材料や工法を定めれば，その生産や稼働に伴って排出される CO_2 の量を計算することができます．ごく一般的な工法を前提とし，橋のライフサイクルに合わせ，建設・供用・解体の各段階において排出される CO_2 量を材料別単位量として計算したものを表 4.1 に示します．

b. 排出 CO_2 の抑制

各種数量計算書や単価表などから対象施設のライフサイクルコストを計算することは比較的容易です．さらに，表 4.1 などを利用すれば，コスト計算と同じ要領でライフサイクル排出 CO_2 量を計算することができます．

排出 CO_2 の多寡を，多くの評価指標のなかでどう位置づけるかという問題はありますが，地球環境への負荷低減という観点からの価値判断が可能になります．わが国の社会が排出する CO_2 総量の約 23 % は建設業にかかわるもので，環境負荷に対する私たちの改善責任は決して小さくありません．地球環境の問題は，人類存続にかかわる重要テーマであるという認識のもと，直ちに何らかの対策を講ずる必要があります．いまのところ，「森林の保護育成」と「化石燃料から太陽光や風力など自然エネルギーへの転換」が基本的な柱と考えられますが，ほかにも多くの技術開発や研究を要するテーマです．

建設分野において新たに施設を設けようとする場合，その施設の建設，供用，撤去に伴って発生する環境負荷量を減ずると同時に，負荷量に応じてそれを解消するための費用を負担することを税法として定め，両者をセットで義務づける方法を当面の措置として提案します．

すなわち，官民を問わずすべての建設事業に対して

① 新設施設の形式や材料を決める場合，経済性，施工性，快適性などのほかに，排出 CO_2 の多寡を評価指標に加えて総合的に判断し，つとめて排出量の少ない形式を選ぶ(コストも CO_2 もすべてライフサイクルで考える)．

② 選ばれた形式施設の排出 CO_2 総量をキャンセルするための特別費用を一定ルール(たとえば，排出 CO_2 解消に匹敵する植林費用を求め，それに係数を乗じるなど)で算出し，事業費の一部として負担する．

③ 事業主はその特別費をストックし，自ら対策費(研究費や具体的施策)にあてるか，中央機関に拠出して国レベルの対策費にあてる．

表 4.1 概略 CO_2 排出単位量

(日建設計シビル・石原克治氏作成)

建設段階
1. 橋梁下部工(杭基礎の場合のみ)

材料・工種		単位	単位量当り CO_2 排出量(kg−C)				適 用
			計	資材製造	運搬	施工	
土工	掘削工	m³	0.49	0.00	0.00	0.49	掘削+積込み
	床掘工	m³	0.66	0.00	0.00	0.66	同 上
	埋戻し工A	m³	0.83	0.00	0.00	0.83	バックホウ+ブル
	残土処分	m³	4.45	0.00	4.45	0.00	ダンプ(11トン)運搬
土留め	鋼矢板Ⅳ型土留め工	m²	15.31	4.74	4.41	6.17	一重締切り，切梁腹起込み ($L = 20$ m 以下, 3段)
基礎杭	鋼管杭 $\phi 600, t=9$	m	62.48	53.84	3.01	5.64	打込み
	オールケーシング杭	本	1698.74	1512.06	107.39	79.29	ϕ 1100 mm $L = 18$ m
躯体工	基礎砕石	m³	36.09	3.40	26.39	6.30	クラッシャーラン C40
	均しコンクリート 18 N/mm²	m³	66.80	60.50	5.15	1.15	生コン 打設・養生まで
	躯体コンクリート 24 N/mm²	m³	78.90	72.60	5.15	1.15	同 上
	鉄筋 SD345	t	144.04	128.00	9.18	6.86	加工・配筋まで
仮設	型枠工	m²	4.57	0.48	0.72	3.38	掛け払い
	足場工	掛 m²	1.86	0.19	0.83	0.84	同 上
	支保工	空 m³	1.75	0.23	0.99	0.53	同 上
2. 橋梁上部工(鋼橋・PC橋・木橋)							
鋼板	SS400	t	459.34	411.00	13.77	34.57	製鋼・工作・運搬・架設
型鋼	SS400	t	459.34	411.00	13.77	34.57	同 上
塗装工	700 g/m²	m²	0.33	0.32	0.01	0.00	足場は含まず
床版工	コンクリート27N/mm²	m³	78.90	72.60	5.15	1.15	生コン・打設・養生まで
	鉄筋 SD345	t	144.04	128.00	9.18	6.86	加工・配筋まで
	型枠	m²	4.57	0.48	0.72	3.38	掛け払い
	支保工	空 m³	1.75	0.23	0.99	0.53	同 上
	アルミ高欄	t	2088.79	2030.00	19.23	39.56	標準品
舗装工A	アスファルト舗装	m²	11.91	5.28	2.76	3.87	$t = 80$ mm 2.35 t/m³
舗装工B	歩道アスファルト舗装	m²	9.78	4.95	0.97	3.87	$t = 30$ mm 2.2 t/m³
舗装工C	歩道タイル舗装	m²	8.29	7.52	0.77	0.00	合成花崗岩タイル $t = 15$ mm, 40kg/m²
PC桁	コンクリート40N/mm²	m³	100.60	94.30	5.15	1.15	生コン・打設・養生まで
	PC鋼材	t	602.06	411.00	151.50	39.56	緊張とも
木材(国産集成材)		kg	0.088	0.030	0.019	0.040	加工・架設まで
供用段階							
塗装工	塗装(700g/m²)	m²	0.66	0.63	0.03	0.00	供用期間中2回
	足場	掛 m²	1.86	0.19	0.83	0.84	
舗装工A	アスファルト舗装	m²	35.72	15.85	8.27	11.60	供用期間中3回
舗装工B	歩道アスファルト舗装	m²	29.34	14.84	2.90	11.60	供用期間中3回
舗装工C	歩道タイル舗装	m²	24.87	22.56	2.31	0.00	供用期間中3回
解体段階							
解体工	コンクリート解体	t	9.16	0.00	0.00	9.16	
	ガラ積込, 運搬	t	14.04	0.00	4.89	9.16	
	鋼桁解体, 運搬	t	96.65	0.00	2.97	93.68	
	支保工	t	1.75	0.23	0.99	0.53	
	破砕工	t	1.05	0.00	0.00	1.05	

自らが出す負荷は自らが始末するという原則で，取りこぼしのないよう事業単位で金額的に清算していく方法です．地球環境税制とでもいえるこの方法が，建設関係のみならずすべての産業に及ぶなら，そして世界の各国も国情に応じた具体策を講じるなら，地球環境の悪化を防ぐ施策や研究がずいぶんと進み，温暖化抑制にブレーキをかけられるのではないでしょうか．相当な費用を要する国際的プロジェクトになりますが，こんな税金の使い方なら誰も異存はないでしょう．

4.3　ラフ図面・スケッチ例

　第3章の 3.2(4)「造形の検討」で，ラフ図とスケッチパースの例を示しましたが，ここではさらに思考整理のためのスケッチ・イメージを練るためのスケッチ・完成形のイメージ・構造ディテールや仕上げの検討等々，各段階における実例をいくつか示します．大部分がフリーハンドによるものです．

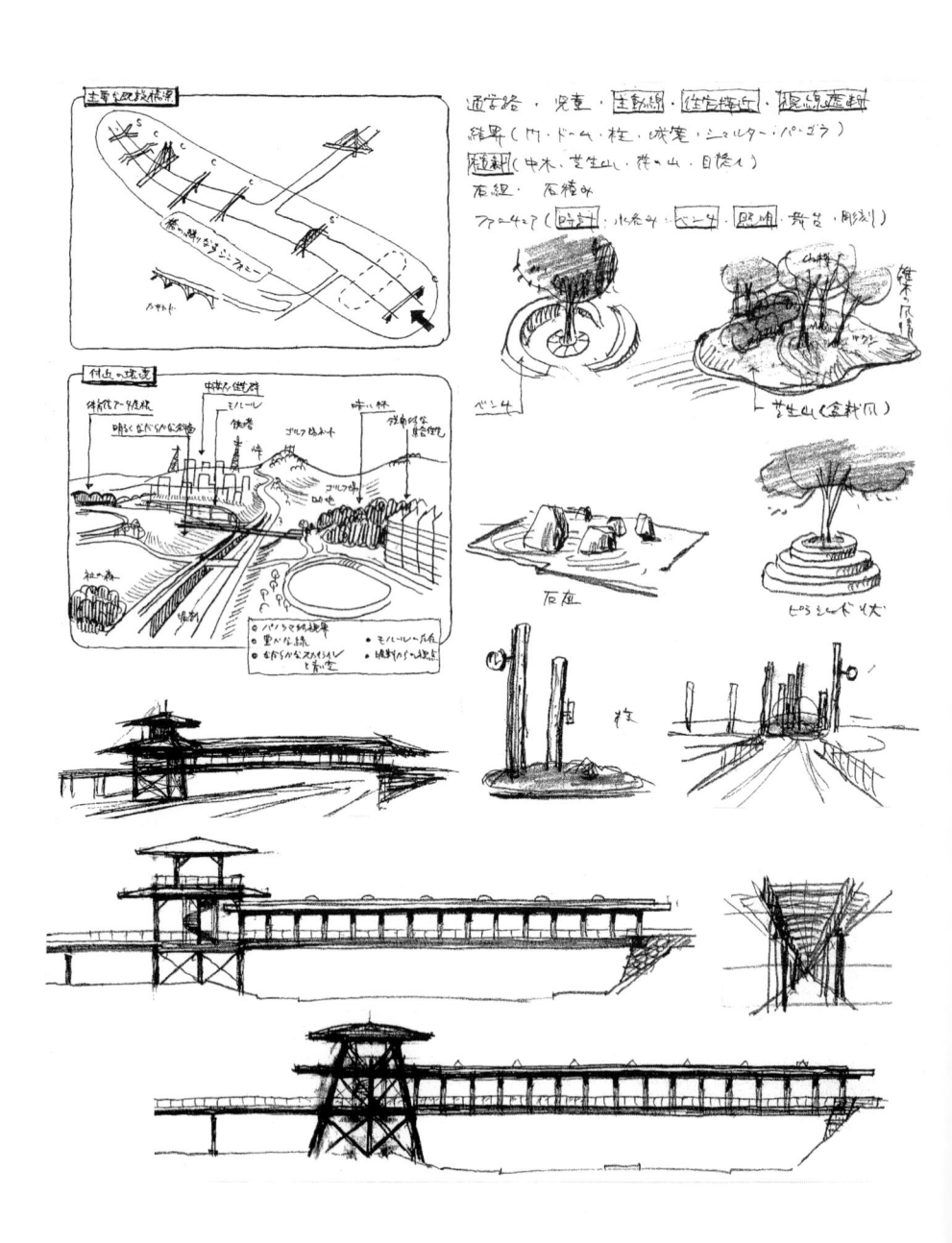

図 4.2 考え方を整理するためのスケッチ例

A

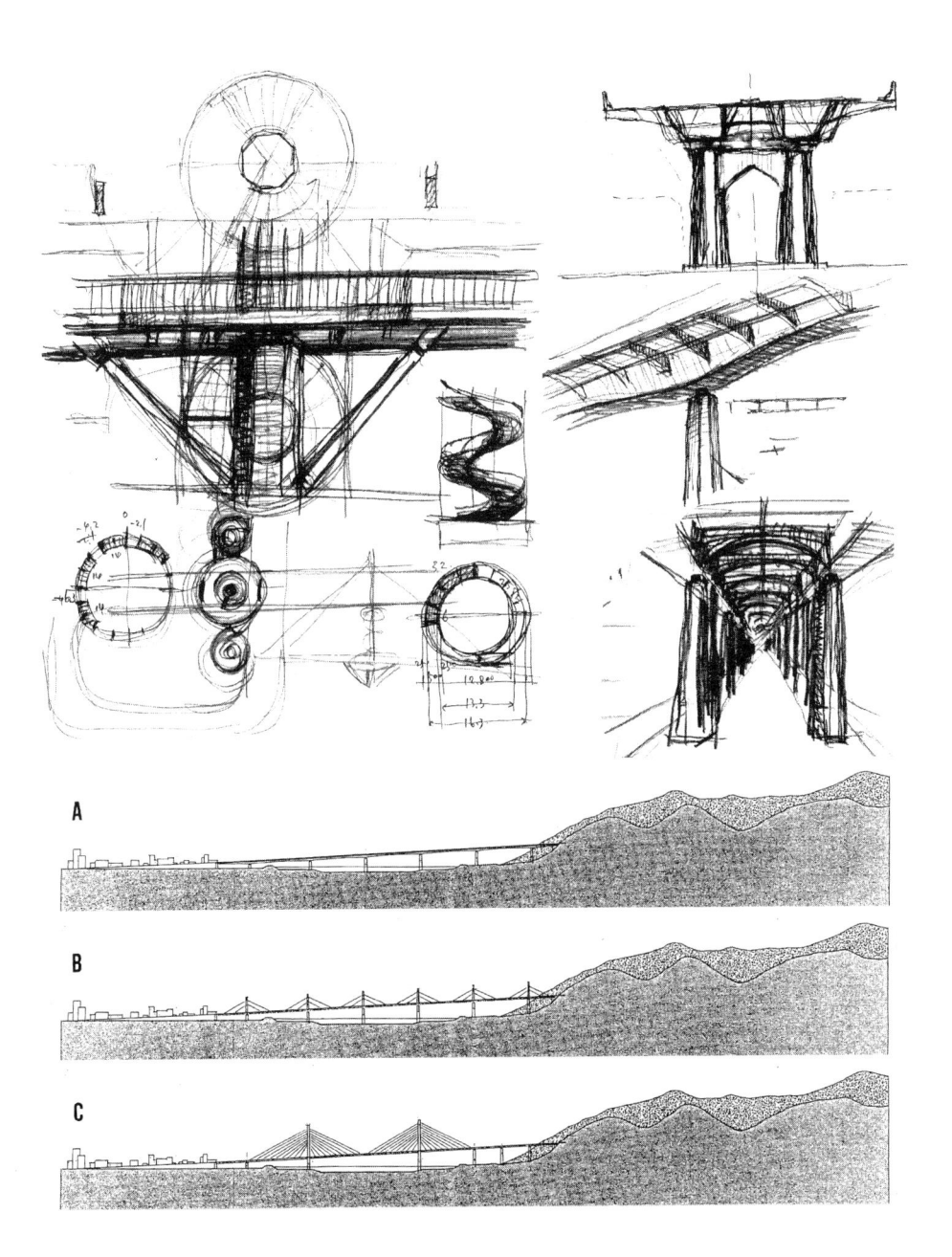

B

C

図 4.3　イメージを練るためのスケッチ例

4.3　ラフ図面・スケッチ例

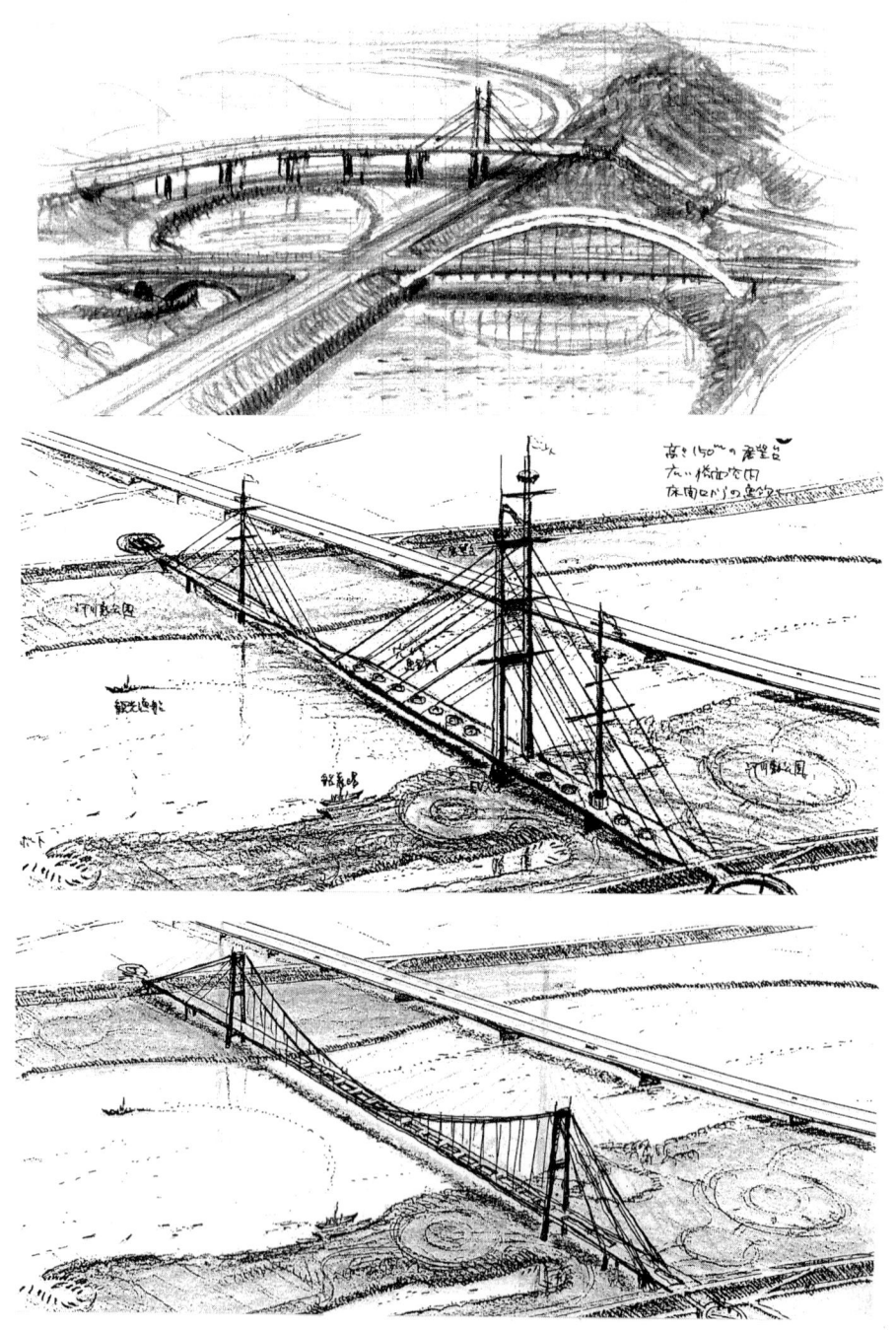

図 4.4 完成形のイメージスケッチ例

図 4.5 完成形のイメージスケッチ例

4.3 ラフ図面・スケッチ例

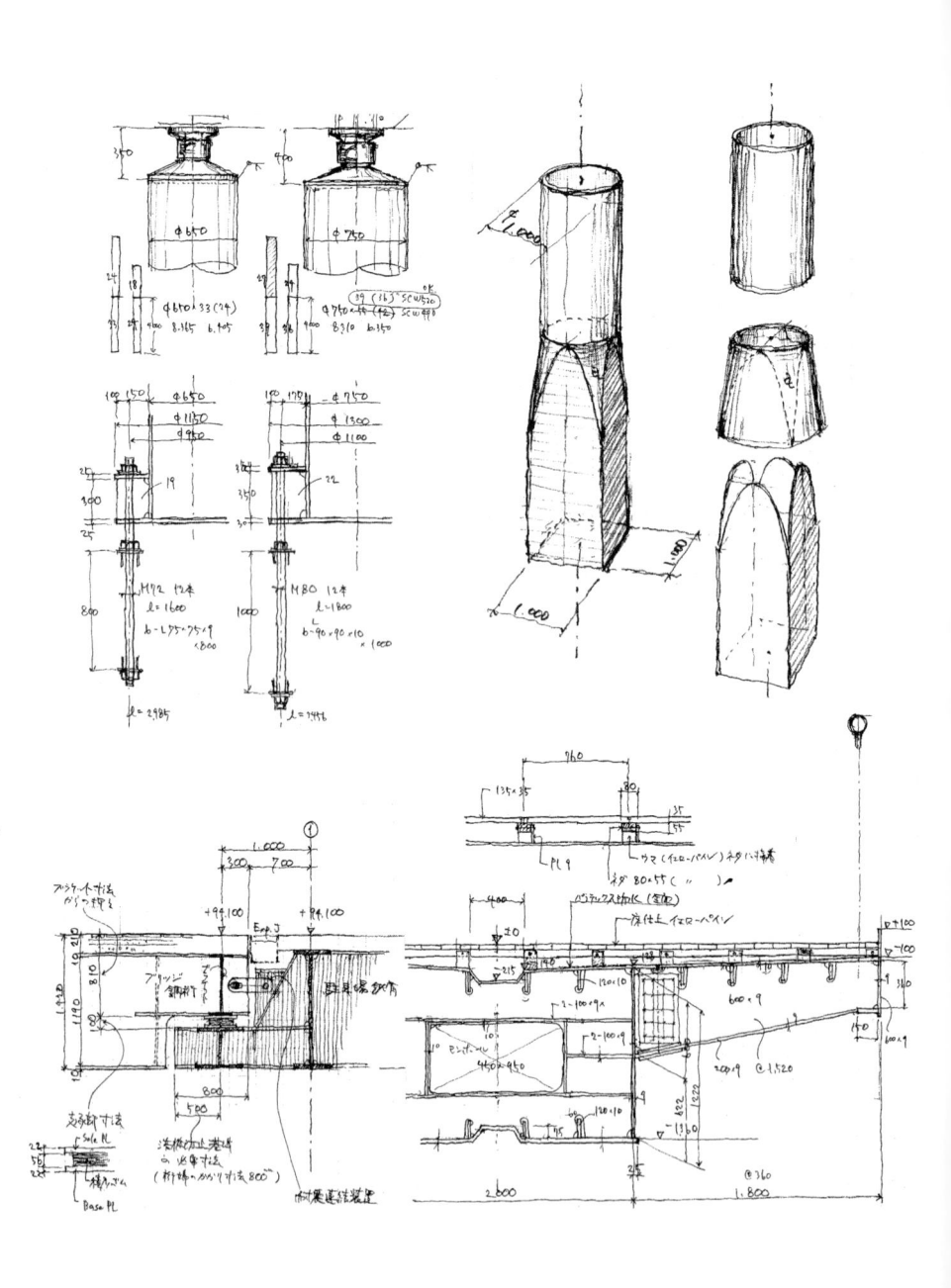

図 4.6 ディテール検討のスケッチ例

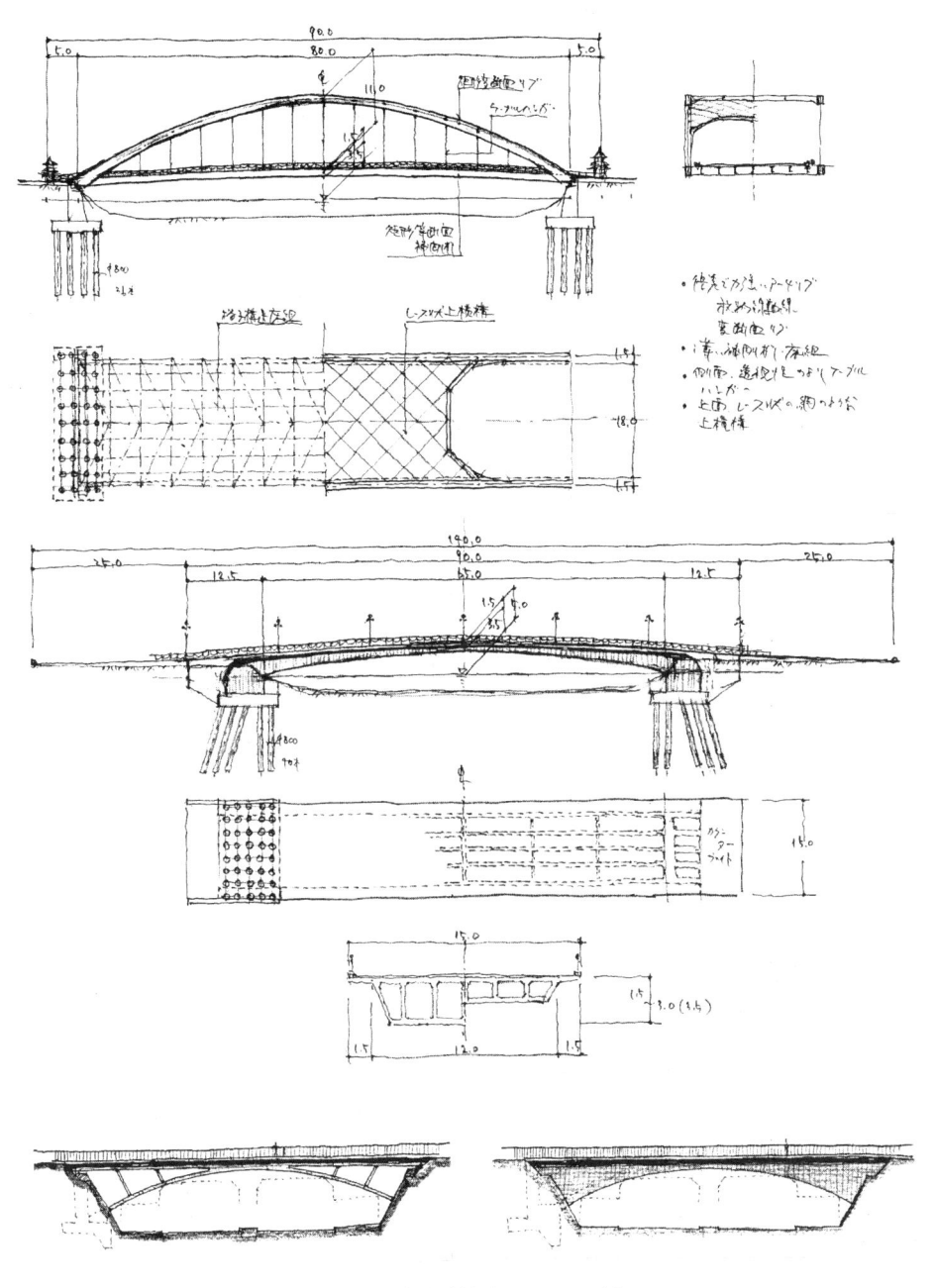

図 4.7　全体系検討のスケッチ例

4.3　ラフ図面・スケッチ例

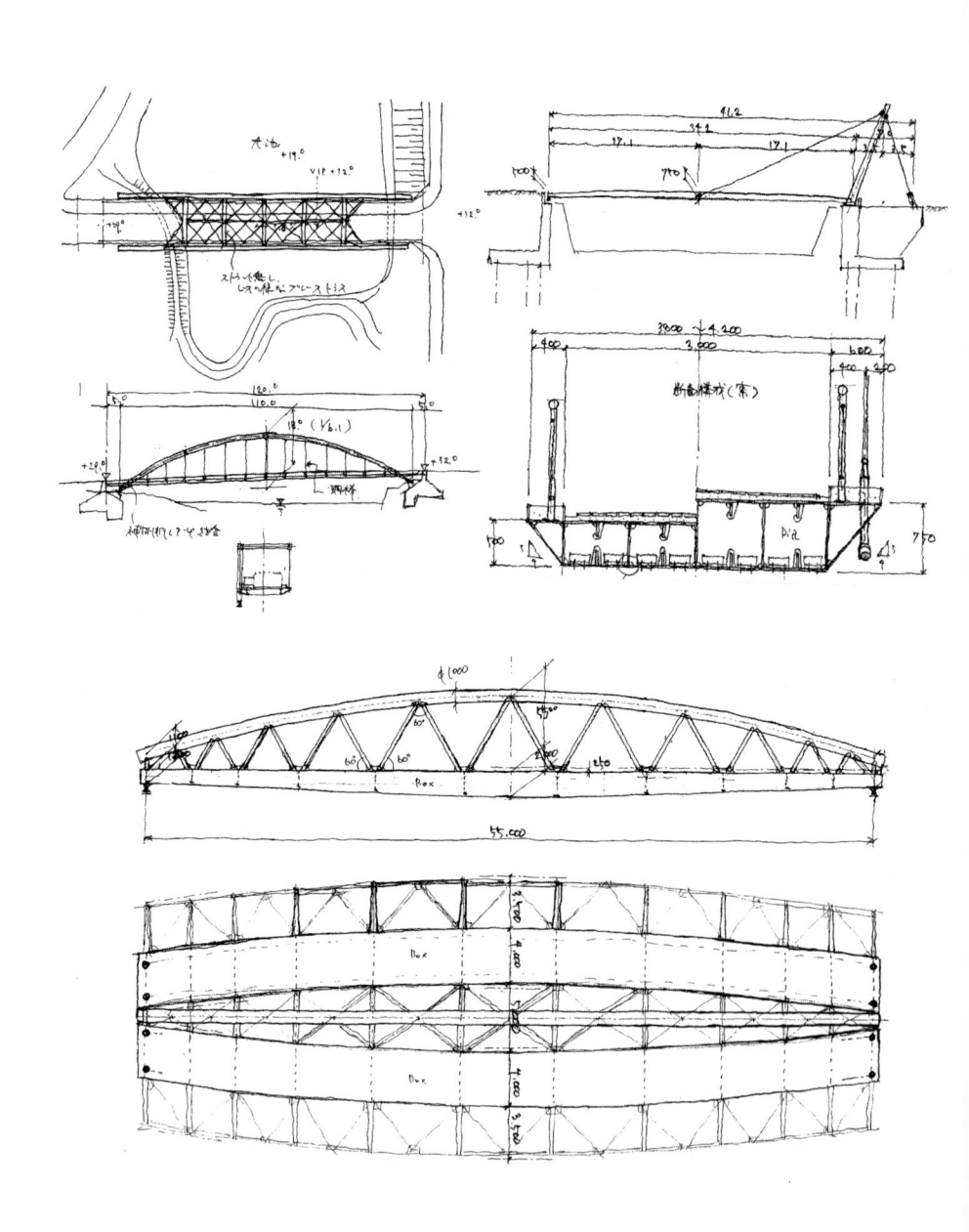

図 4.8　全体系検討のスケッチ例

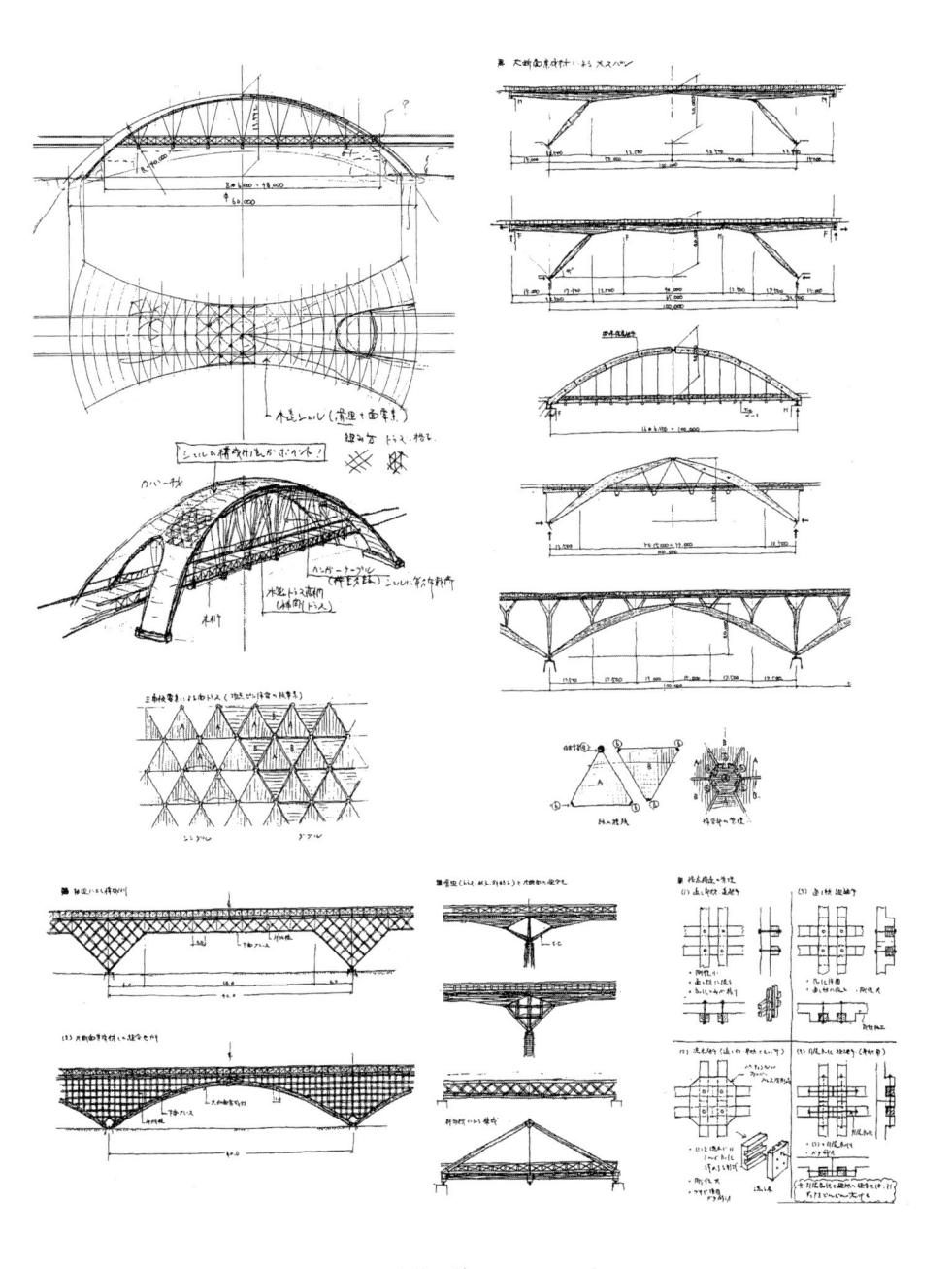

図 4.9　木構造検討のスケッチ例

4.3　ラフ図面・スケッチ例

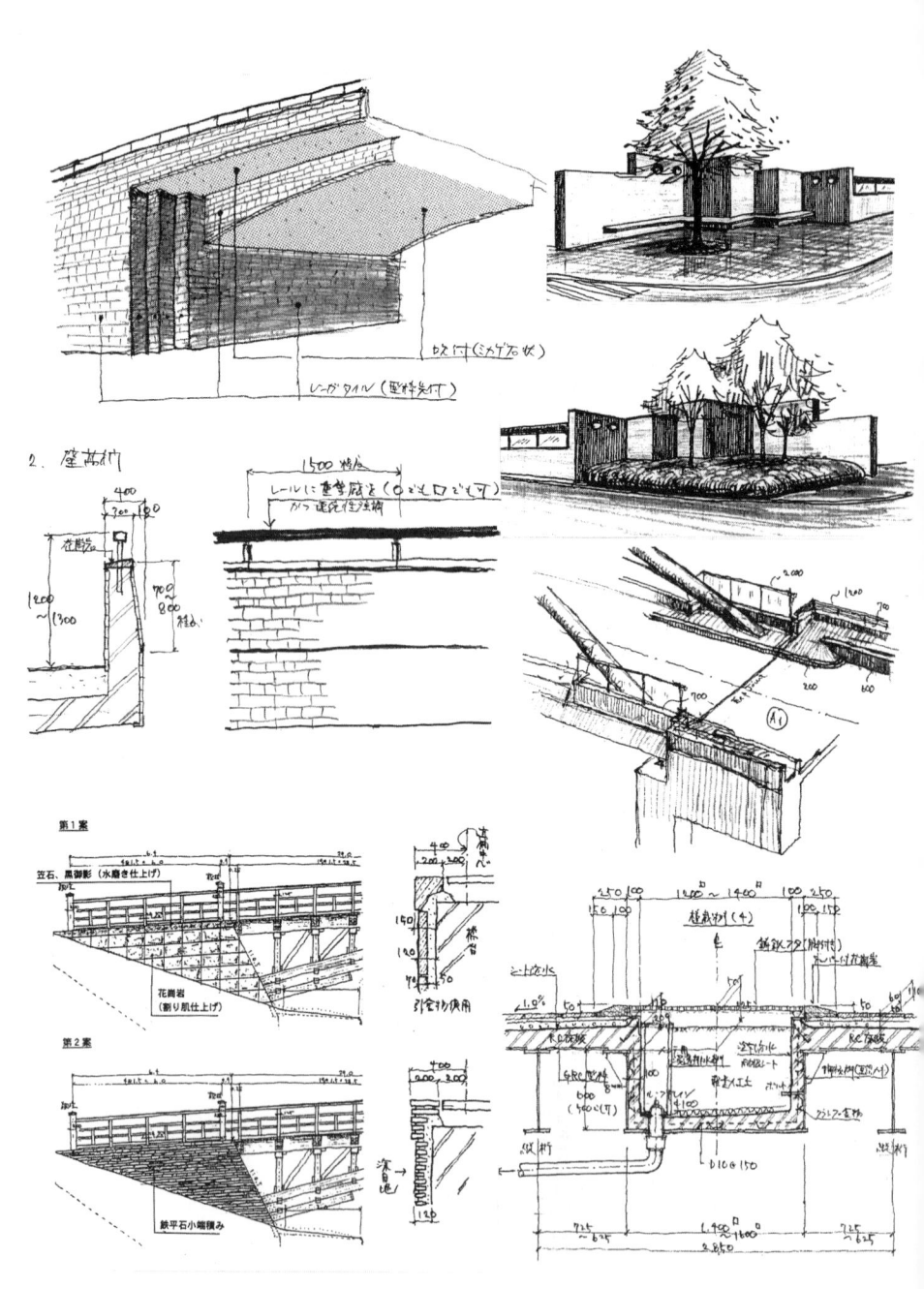

図 4.10　仕上げ検討のスケッチ例

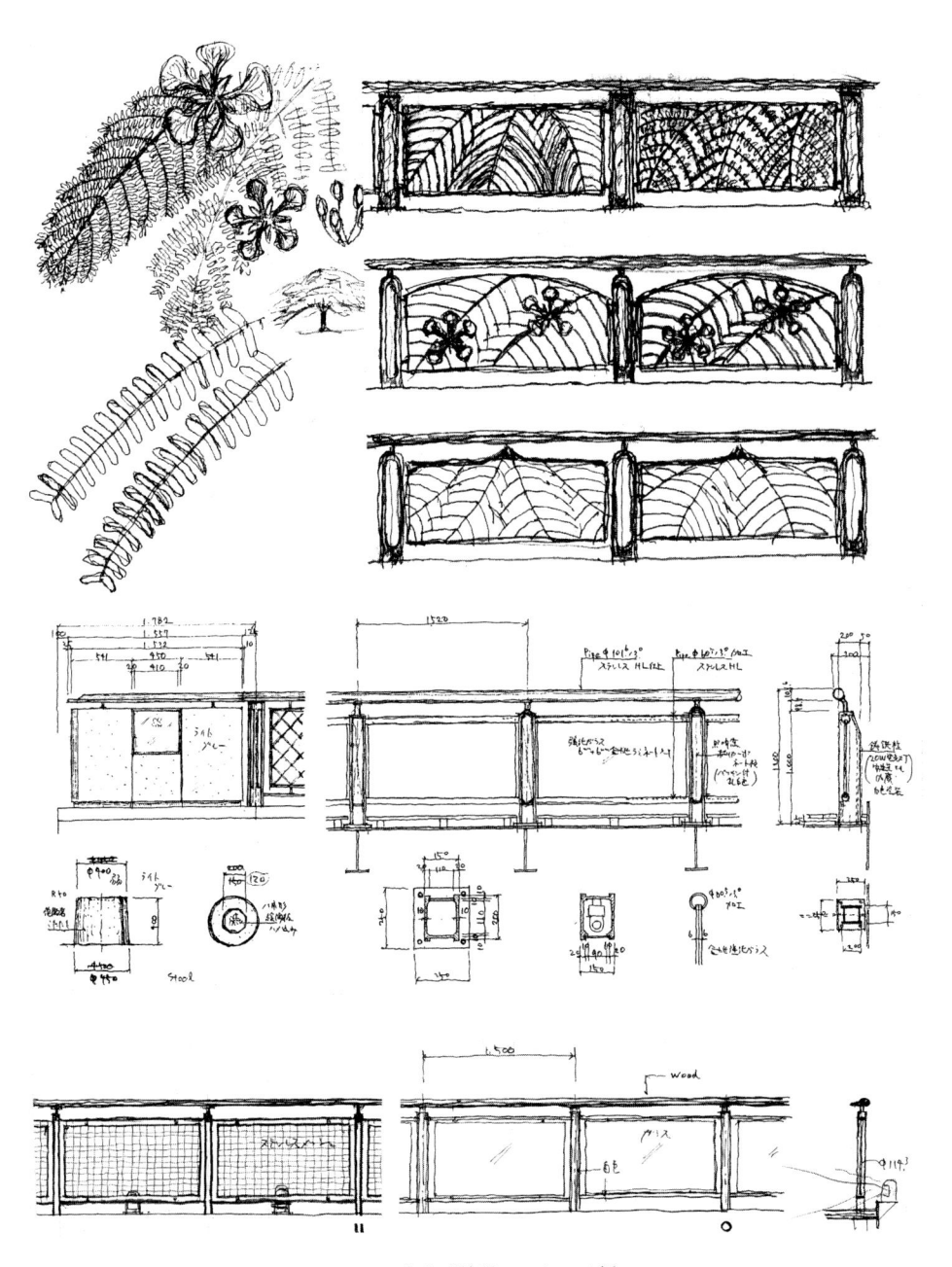

図 4.11 仕上げ検討のスケッチ例

4.3 ラフ図面・スケッチ例

文　献

1) 大泉楯：土木構造物の景観計画，土木学会関東支部講習会，1990.9
2) 大泉楯：構造デザインの考え方，土木学会誌別冊増刊，1992.3
3) 大泉楯：橋梁の美的設計，建設省四国地建講習会，1996.2
4) Fritz Leonhardt ： Aesthetics of Bridge Design, PCI Journal, 1968
5) B. J. Allan ： Some notes on significance of form in bridge engineering, PICE, Vol.60，1976
6) William Zuk ： How almost anyone can design a good looking bridge in one easy lesson, NSEC, No.1, 1976
7) Elizabeth B.Mock ： The Architecture of Bridges, The Museum of Modern Art・NewYork，1949
8) Davit Bennett ： The Architecture of Bridge Design, ThomasTelford，1997
9) 樋口忠彦：日本の景観，春秋社，1981
10) 加藤周一：日本その心とかたち，No.1, 2, 10，平凡社，1987，1988
11) 梅棹忠夫編：ものとの対話，立風書房，1981
12) 中村良夫他：土木工学大系13，景観論，彰国社，1977
13) 山本宏：橋梁美学，森北出版，1980
14) 芦原義信：外部空間の構成，彰国社，1970
15) 樋口忠彦：景観の構造，技報堂出版，1975
16) 景観デザイン研究会：橋のデザイン，会員資料，1995.11
17) Max Bill ： Robert Maillart, Les Editions d'Architecture，1969
18) 柳宗理：デザイン，用美社，1983
19) 土木学会：美しい橋のデザインマニュアル，初版1982，第2集1993
20) Niels J.Gimsing ：吊形式橋梁，建設図書，1990
21) 国土交通省：国土交通省土木工事積算基準，平成12年度版，2000
22) 土木学会地球環境委員会：土木建設業における環境負荷(LCA)検討部会，平成7年度調査研究報告書，1996
23) 日本建築学会地球環境委員会：建築のLCA基準(案)，1999
24) 関西道路研究会橋梁景観研究小委員会：橋梁アーキテクチュアの研究，2002.7
25) 橋梁設計報告書：日建設計社内資料，1967〜2001

あとがき

　本書は，土木構造物の美は堅実で鋭気のこもった構造美を基本にするのが最も似合わしく，またすべての構造物に美的設計が及んでほしいという信念と願いを込めて，設計実務のためにまとめたものです．

　一連の設計の流れにおいて，基本計画から実施設計に至るどの段階もそれぞれ大切ですが，本質的には基本設計が最も重要といえます．基本設計は，対象施設の整備水準と構造系を定め，基本的な構造計画・デザイン計画・事業費検討等を行うことによって，施設の規模と質を確定するステージだからです．本文で基本設計レベルの事項を中心に述べたのはそのためです．

　文中，「設計の作法」ということばを使いましたが，およそ作法というのはスポーツにおけるフォームと同じで，これの習得なくして技量の獲得も才能の開花も望みがたいものです．また，技術力向上の必要性についても述べましたが，いかに高度な技術を身につけてもそれだけでは満足な設計はできず，いわゆる常識が備わって初めて可能になります．技術と常識，これは創造にとって必須の両輪です．常識とは美や文化を含む幅広い知性を指します．

　本書は，筆者自身の実務経験を通じて得られた知識と知見によっています．そのため，多少独断的で不十分な面もあると思いますが，一つの設計論として読み取っていただき，その面で設計にかかわる方々の何らかの参考になることを願っています．

　今日まで多くのプロジェクトに参画する機会を与えていただいた事業主の方々，大学の先生方，工事関係の方々に深く感謝いたします．とりわけ，中村良夫先生（京都大学教授・東京工業大学名誉教授）の謦咳に接することができたのは幸甚で，プロジェクトや学会活動等を通じ，二十数年間にわたって親しくご教示・ご助言いただいたことを心から感謝いたします．また，本書の出版にあたり技報堂出版の宮本佳世子氏に大変ご面倒をおかけしました．併せて感謝いたします．

　2002年1月

　　　　　　　　　　　　　　　　　　　　　　　　　　大　泉　楯

著者紹介

大　泉　　楯　おおいずみじゅん

1941年に生まれる
1964年，大阪市立大学工学部土木工学科卒業．橋梁メーカー勤務を経て
1966年，(株)日建設計入社．以来，社内土木部門において橋を中心とする多数の土木構造物の設計に従事
2001年，(株)日建設計シビル(土木部門分社により改称)技師長
現在に至る
土木学会特別上級技術者(設計)・技術士・一級建築士

橋はなぜ美しいのか
——その構造と美的設計——

定価はカバーに表示してあります．

2002年2月20日　1版1刷発行
2002年7月20日　1版2刷発行

ISBN 4-7655-1622-9 C3051

著　者　大　泉　　楯
発行者　長　　祥　　隆
発行所　技報堂出版株式会社

〒102-0075　東京都千代田区三番町8-7
　　　　　　　　　（第25興和ビル）

日本書籍出版協会会員
自然科学書協会会員
工学書協会会員
土木・建築書協会会員

電　話　営　業　(03)(5215)3165
　　　　編　集　(03)(5215)3161
FAX　　　　　　(03)(5215)3233
振替口座　00140-4-10
http://www.gihodoshuppan.co.jp

Printed in Japan

装幀　芳賀正晴　印刷・製本　中央印刷

© Jun Oizumi, 2002

落丁・乱丁はお取り替え致します．
本書の無断複写は，著作権法上での例外を除き，禁じられています．

● 小社刊行図書のご案内 ●

研ぎすませ風景感覚 1 －名都の条件	中村良夫編著	B6・294頁
研ぎすませ風景感覚 2 －国土の詩学	中村良夫編著	B6・284頁
景観の構造 －ランドスケープとしての日本の空間	樋口忠彦著	B5・174頁
景観づくりを考える	細川護熙・中村良夫企画構成	B6・322頁
景観統合設計	堺孝司・堀繁編著	B5・140頁
橋の景観デザインを考える	篠原修・鋼橋技術研究会編	B6・212頁
街路の景観設計	土木学会編	B5・296頁
水辺の景観設計	土木学会編	B5・240頁
港の景観設計	土木学会編	B5・286頁
風土工学序説	竹林征三著	A5・418頁
鋼構造技術総覧［土木編］	日本鋼構造協会編	B5・498頁
鋼橋の未来 －21世紀への挑戦	成田信之編著	B5・324頁
橋梁の耐震設計と耐震補強	Priestleyほか著／川島一彦監訳	A5・514頁
これからの歩道橋 －付・人にやさしい歩道橋計画設計指針	日本鋼構造協会編	B5・226頁

● はなしシリーズ

橋のはなしⅠ・Ⅱ	吉田巌編著	B6・214・228頁
色のはなしⅠ・Ⅱ	色のはなし編集委員会編	B6・158・172頁

技報堂出版　TEL 編集03(5215)3161 営業03(5215)3165　FAX 03(5215)3233